# 工业设计专业教材编写委员会

高 等 学 校 教 材

# 产 品 模 型 制 作

谢大康　编著

化学工业出版社

教 材 出 版 中 心

·北 京·

本书共分 11 章。通过模型制作的过程，详尽介绍各种模型制作材料的选择、步骤以及制作方法。其中的内容，是编者根据多年模型制作的经验，在参考了前人提供的资料的基础上进行综合、收集、整理和汇编成的。其目的在于通过一点一滴的介绍，详细的叙述各种模型的制作过程，并力争图文的丰富组合，使之过程性、资料性与可读性相结合。

模型制作的过程不仅渗透着设计师对产品的理解，而且也是设计师设计思想、设计创造的体现。由于传统手工模型制作的方法简便、快速同时取材广泛和经济等优势，在现代设计过程中仍然发挥着现代技术不可替代的作用与优势。本书所介绍和描述的手工模型制作技法，在未来的相当长的时期内仍将被保留和传承下去。

本书可作为高等学校工业设计专业的教学用书，也可作为从事模型设计与制作的设计人员的参考用书。

**图书在版编目（CIP）数据**

产品模型制作/谢大康编著．—北京：化学工业出版社，
2003.6（2025.2 重印）
高等学校教材
ISBN 978-7-5025-4594-9

Ⅰ. 产⋯　Ⅱ. 谢⋯　Ⅲ. 产品-模型-制作-高等学校-教材
Ⅳ. TB476

中国版本图书馆 CIP 数据核字（2002）第 043379 号

责任编辑：张建茹　李彦玲　　　　　　　　　　装帧设计：蒋艳君
责任校对：顾淑云

出版发行：化学工业出版社（北京市东城区青年湖南街 13 号　邮政编码 100011）
印　　装：北京建宏印刷有限公司
787mm×1092mm　1/16　印张 11¾　彩插 6　字数 270 千字　2025 年 2 月北京第 1 版第 16 次印刷

购书咨询：010-64518888　　售后服务：010-64518899
网　　址：http://www.cip.com.cn
凡购买本书，如有缺损质量问题，本社销售中心负责调换。

定　　价：48.00 元

# 序

    化学是研究物质的变化和规律的一门学科。设计是研究形态或样式的变化和规律的一门学科。一个是研究物质，包括从采掘和利用天然物质到人工创造和合成的化学物质；一个是研究非物质，包括功能和形态的生成，变化及其感受。有物质才有非物质，有物才有形，有形就有状，物作用于人的肉体，形作用于人的心灵。前者解决生存问题，实现人的生存价值；后者解决享受问题，实现人的享受价值。一句话，随着时代的进步，为人类不断创造一个和谐、美好的生活方式。

    其实，人人都是设计师，人们都在自觉或不自觉地运用设计，在创造或改进周边的一切事与物，并作出判断和决定。设计是解决人与自然，人与社会，人与自身之间的种种矛盾，达到更高的探索、追求和创造。通过设计带给人们生活的意义和快乐。尤其在当今价值共存、多样化的时代下，设计可以使"形"获得更多的自由度，使物从"硬件"转变成与生活者心息相通的"软件"，这就是"从人的需要出发，又回归于人"的设计哲理。有人说设计就是梦，梦才是设计的原动力。人类的未来就是梦的未来。通过设计可以使人的梦想成真，可以实现以地球、生命、历史、人类的智慧为依据的对未来的想像。

    化学工业出版社《工业设计》教材编写委员会成立于 2002 年 10 月。一开始就得到各有关院校的热情支持和积极参与。大家一致认为，设计教育的作用是让学生"懂"设计，而不只是"会"设计。这次确定的选题，许多都是自己多年设计教学实践的经验、总结和升华，是非常难能可贵的。经过编委会的讨论、交流、结合国内现有设计教材的现状，近期准备出版以下工业设计专业的教材或参考书：

《产品模型制作》（福州大学谢大康）；
《产品设计原理》（深圳大学李亦文）；
《设计色彩学》（上海大学张宪荣）；
《基础设计》（福州大学谢大康，湖北美术学院刘向东）；
《设计符号学》（上海大学张宪荣）；
《网络化工业设计》（北京航空航天大学黄毓瑜）；

《工业设计概论》（中英双语）（北京航空航天大学黄毓瑜）；
《产品设计图学基础》（中国地质大学李理）；
《设计中的人机分析与应用》（东华大学王继成）；
《设计形态语义学》（上海理工大学陈慎任）；
《设计材料与加工工艺》（南京理工大学张锡）。

    以上工业设计专业教材及参考书的出版力求反映教材的时代性、科学性与实用性，同时扩大了设计教材的品种及提高了教材的质量。最后，我代表编委会感谢化学工业出版社的大力支持和帮助，使这套系列教材能尽快地与广大读者见面。

《工业设计》教材编写委员会

主任　程能林

2003 年 7 月 5 日

# 前　言

在现代产品的设计与开发过程中，模型制作起着非常重要的作用。首先，模型制作是设计过程的一个关键环节。模型制作的过程不仅渗透着设计师对产品的理解，而且是设计师设计思想、设计创造的体现。同时业已证明，模型制作是一种行之有效的设计方法，也是一种极具创造性、寓意深刻的综合性设计过程。

从其过程看，制作一个模型可以说是产品早期设计中不可替代的、不可省略的步骤。因为，模型制作并不是简单地将设计构想由二维转化成三维实体的过程，而是要求设计师直接以三维实体的方式进行思考和创意。同时也是提升设计师三维空间构形能力，培养设计师从整体上考虑产品各部分形体、形态、结构、色彩搭配等彼此之间的关系，以及与环境空间彼此融洽的关系的素质；是衡量设计师素质、能力水平的依据之一，也是设计师必备的立体表达能力与技艺。

其次，由于传统手工模型制作具有方法简便、快速、取材广泛和经济等优点，至今它仍然发挥着现代计算机技术所不可替代的作用与优势，并且与现代计算机技术一起推进着产品设计的研发进程。虽然 CAD/PROE/CAID 等基于计算机的辅助设计，采用了先进的参数化建模设计系统，使产品设计在计算机设计平台上可以完成从草图到模型的生成，使现代产品设计达到相当的准确化和标准化，同时与计算机辅助制造、快速成型、数控加工有机地结合在一起，成为现代产品设计、现代产品制造中不可或缺的一部分；但是本书所介绍和描述的手工模型制作技法仍将在未来相当长的时期内被保留和传承下去，这是计算机技术不可完全取代的技术。

再者，由于产品市场的竞争，消费者对于体现自身个性化生活方式的产品提出了越来越高的要求，这就要求设计师能根据市场的需求和对消费者消费心理的把握，对现有产品的改良、新产品的开发、未来产品的探讨做出快速反应，不断地通过制作模型的过程进行设计比较、分析和创新。

在一件产品正式投入生产和销售之前的产品设计初期，需要制作草模型来进行研讨。在产品设计的过程中还要制作出体现产品结构特点的功能性模型。设计方案确定之后，还要制作体现设计创意的表现性模型。从制作各种不同类型的模型中，实现不断解析产品形态、功能、结构、色彩等要素，表现设计意图，把握产品设计的目标定位方向，为新产品投入生产提供有效而可靠的依据，以减少产品研发成本。

通过设计师，将设计过程与模型制作过程结合在一起进行，往往可以略过设计初期的繁复的图纸设计阶段，直接以三维的构形方式考虑设计，跳出约束，使设计师的创造力更能发挥得淋漓尽致。在没有较准确的设计方案和较详细的尺寸时，要使用计算机来创造三维的形体设计仍然是一件费力的事，毕竟计算机只是一种辅助设计的手段。

本书基于模型制作是一种行之有效的设计方法的基本思想来阐述，侧重于介绍手工的、省时、省力的模型制作方法，目的在于向读者说明手工模型制作仍然是一种研究和完善设计构思，调整和修改设计对象，综合评价设计方案合理性的一种极佳手段。

编者

2003 年 5 月

# 目　录

# 第1章 产品模型概述

- 产品模型的意义与功能
- 产品模型制作的种类
- 产品模型制作的材料
- 产品模型制作的原则

## 1.1 产品模型的意义与功能

### 1.1.1 模型的意义

制作模型的目的是设计师将设计的构想与意图综合美学、工艺学、人机工程学、哲学、科技等学科知识，凭借对各种材料的驾驭，用以传达设计理念、塑造出具有三维空间的形体，从而以三维形体的实物来表现设计构想，并以一定的加工工艺及手段来实现设计的具体形象化的设计过程。

模型在设计师将构想以形体、色彩、尺寸、材质进行具象化的整合过程中，不断地表达着设计师对设计创意的体验，为与工程技术人员进行交流、研讨、评估，以及进一步调整、修改和完善设计方案、检验设计方案的合理性提供有效的实物参照。也为制作产品样机和产品准备投入试生产提供充分的、行之有效的实物依据。

在设计过程中的模型制作，不能与机械制造中铸造成型用的木模或模具工艺相混淆。模型制作的功能并不是单纯的外观、结构造型。模型制作的实质是体现一种设计创造的理念、方法和步骤。是一种综合的创造性活动，是新产品开发过程中不可缺少的环节。

在设计过程中，模型制作具有以下的意义。

（1）说明性

以三维的形体来表现设计意图与形态，是模型的基本功能。

（2）启发性

在模型制作过程中以真实的形态、尺寸和比例来达到推敲设计和启发新构想的目的，成为设计人员不断改进设计的有力依据。

（3）可触性

以合理的人机工学参数为基础，探求感官的回馈、反应，进而求取合理化的形态。

（4）表现性

以具体的三维的实体、详实的尺寸和比例、真实的色彩和材质，从视觉、触觉上充分满足形体的形态表达、反映形体与环境关系的作用，使人感受到了产品的真实性，从而更好地沟通设计师与消费者彼此之间对产品意义的理解。

### 1.1.2 模型的功能

无论是手绘的产品效果图，还是用计算机绘制的效果图，都不可能全面反映出产品的真实面貌。因为它们都是以二维的平面形式来反映三维的立体内容。

在现实中，虚拟的图形、平面的图形与真实的立体实物之间的差别是很大的。例如，一个在平面图上，各部分比例在视觉看上去都较为合适的形态，做成立体实物后就有可能会显示出与设计创意的初衷的比例不符。形成这些差别的原因是人们从平面到立体之间的错觉造成的。另外，计算机虚拟的效果图或二维平面的视图中，对产品的色彩和质感方面的表达也具有相当的局限性。通过模型制作能弥补上述的不足。模型能真实地再现出设计师的设计构想，因此模型制作是产品设计过程中一个十分重要的阶段。

在设计的过程中，模型制作提供给设计师想像、创作的空间，具有真实的色彩与可度量的尺度、立体的形态表现。与设计过程中二维平面对形态的描绘相比，能够提供更精确、更直观的感受。是设计过程中对方案进行检讨、推敲、评估的行之有效的方法。

正是模型制作提供了一种实体的设计语言，这种表达方法，使消费者能与设计师产生共鸣，所以模型制作也是沟通设计师与消费者对产品设计意图理解的有效途径。

模型制作作为产品设计过程的一个重要环节，使整个产品开发设计程序的各阶段能有机地联系在一起。

样机的模型制作可作为产品在大批量生产之前的原型，成为试探市场、反馈需求信息的有效手段，在缩短开发周期、减少投资成本方面起着不可低估的作用。

## 1.2 产品模型制作的种类

在设计过程中，设计师在设计的各个阶段，根据不同的设计需要而采取不同的模型和制作方式来体现设计的构想。

模型的种类，按照在产品设计过程中的不同阶段和用途主要可分为三大类：研讨性模型；功能性模型；表现性模型。

### 1.2.1 研讨性模型

研讨性模型又可称为粗胚模型或草模型。这类模型，是设计师在设计的初期阶段，根据设计的构想，对产品各部分的形态、大小比例进行初步的塑造，作为方案构思进行比较、对形态分析、探讨各部分基本造型优缺点的实物参照，为进一步展开设计构思、刻画设计细节打下的基础。

研讨模型主要采用概括的手法来表现产品造型风格、形态特点、大致的布局安排，以及产品与人和环境的关系等。研讨模型强调表现产品设计的整体概念，可用作初步反映设计概念中各种关系的变化的参考之用。

研讨性模型的特点是，只具粗略的大致形态，大概的长宽高度和大略的凹凸关系。没有过多细部的装饰、线条，也没有色彩，设计师以此来进行方案的推敲。一般而言，研讨性模型是针对某一个设计构思而展开进行的，所以在此过程中通常制作出多种形态各异的模型，作为相互的比较和评估，如图1-1。

图 1-1　研讨性模型　　　　　　　　图 1-2　功能性模型

由于研讨性模型的作用和性质，在选择材料时一般以易加工成型的材料为原则。如黏土、油土、石膏、泡沫塑料、纸材等常作为首选材料。

### 1.2.2　功能性模型

功能性模型主要用来表达、研究产品的形态与结构，产品的各种构造性能，机械性能，以及人机关系等，同时可作为分析检验产品的依据。功能性模型的各部分组件的尺寸与机构上的相互配合关系，都要严格按设计要求进行制作。然后在一定条件下做各种试验，并测出必要的数据作为后续设计的依据。如车辆造型设计在制作完功能模型后，可供在实验室内做各种试验，如图1-2。这些特殊的用途，是研讨性模型及表现性模型所无法达到的。

### 1.2.3　表现性模型

表现性模型是用以表现产品最终真实形态、色彩、表面材质为主要特征。表现性模型是采用真实的材料，严格按设计的尺寸进行制作的实物模型，几乎接近实际的产品，并可成为产品样品进行展示，是模型制作的高级形式，如图1-3。

表现性模型对于整体造型、外观尺寸、材质肌理、色彩、机能的提示等等，都必须与最终设计效果完全一致。

表现性模型要求能完全表达设计师的构想，各个部分的尺寸必须准确，各部分的配合关系都必须表达清晰，模型各部位所使用的材质以及质感都必须充分地加以表现，能真实的表现产品的形态。

图 1-3 表现性模型

真实感强，充满美感，具有良好的可触性，合理的人机关系，和谐的外形，是表现性模型的特征，也是表现性模型追求的最终目的。

这类模型可用于摄影宣传、制作宣传广告、海报、把实体形象传达给消费者。设计师可用此模型与模具设计制作人员进行制造工艺的研讨，估计模具成本，进行小批量的试生产。所以这种模型是介于设计与生产制造之间的实物样品。

从以上的论述可以看出，表现性模型重点是保持外观的完整性，注重视觉、触觉的效果，表达外形的美感，机能的内涵较少。而功能性模型则是强调机能构造的效用与合理性。

## 1.3 产品模型制作的材料

### 1.3.1 黏土材料模型

用黏土材料来加工制作模型，其特点是取材容易、价格低廉、可塑性好、修改方便，可以回收和重复使用。缺点是重量较重、对于尺寸要求严格的部位难以精确刻划和加工，模型干后会收缩变形或产生龟裂，不易长久保存。采用黏土加工模型，方便快捷，可随时进行修改。一般可用来制作小体积的产品模型，主要用于构思阶段中的草模型制作。

### 1.3.2 油泥材料模型

用油泥材料来加工制作模型，其特点是可塑性好，经过加热软化，便可自由塑造修改，也易于粘接，不易干裂变形，同时可以回收和重复使用，特别适用于制作异形形态的产品模型。油泥的可塑性优于黏土，可进行较深入的细节表现。缺点是制作后重量较重，怕碰撞，受压后易损坏，不易涂饰着色。油泥模型一般可用来制作研讨性草模型或概念模型，如图 1-4 所示。

### 1.3.3　石膏材料模型

用石膏材料来加工制作模型的特点是具有一定强度，成形容易，不易变形，可涂饰着色，可进行相应细小部分的刻划，价格低廉，便于较长时间保存。以石膏材料制作的模具可以对模型原作形态进行忠实翻制。不足之处是较重，怕碰撞挤压。一般用于制作形态不太大，细部刻划不太多，形状也不太复杂的产品模型，如图1-5所示。

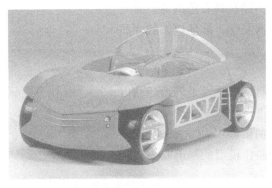

图1-4　油泥模型　　　　　　　　　　　　　图1-5　石膏模型

### 1.3.4　玻璃钢模型

玻璃钢模型是采用环氧树脂或聚酯树脂与玻璃纤维制作的模型。首先必须在黏土或其他材料制作的原型上，用石膏或玻璃钢翻出阴模，然后在阴模内壁逐层的涂刷环氧树脂及固化材料，裱上玻璃纤维丝或纤维布，待固化干硬后脱模，便可以得到薄壳状的玻璃钢型体。玻璃钢材料具有较好的刚性和韧性，表面易于装饰，适用于设计定型的产品模型制作和较大型产品的模型制作，如图1-6所示。

图1-6　玻璃钢模型

### 1.3.5　泡沫塑料模型

膨胀树脂：又称为泡沫塑料，是在聚合过程中将空气或气体引入塑化材料中而成的。泡沫塑料一般用作绝缘材料和包装材料，现在因为其材质松软、易于加工而广泛地运用于模型制作。

泡沫塑料可分成硬质和弹性的两种类型。模型制作经常使用的是硬质的泡沫塑料。

与大多数模型制作所用的材料相比，膨胀树脂的特点是加工容易，成型速度非常快。不过它们的表面美感远不如其他材料好。由于表面多孔所以对这样的表面进行整饰时，程序繁琐，效果较差。

但膨胀树脂模型重量轻，容易搬运，材质松软，容易加工成型，不变形，价格较低廉，具有一定强度，能较长时间保存。缺点是怕重压碰撞，不易进行精细的刻划加工，不好修补，也不能直接着色涂饰，易受溶剂侵蚀影响。硬质泡沫塑料适宜制作形状不太复杂、形体较大的产品模型或草模型。

### 1.3.6 塑料模型

塑料板材分为透明与不透明两大类。透明材料的特点是能把产品内部结构，连接关系与外形同时加以表现，可以进行深入细致的刻划，具有精致而高雅的感觉，重量较轻，加工着色和粘接都较为方便。缺点是材料成本较高，精细加工难度大。一般宜用于制作模型的局部或小型精细的产品展示模型，如图1-7所示。

### 1.3.7 纸材模型

纸模型一般用于制作产品设计之初的研讨性模型。用纸张来制作草模（粗模），也可以用来制作简单曲面的成形或室内家具及建筑模型。

纸模型的特点是取材容易，重量轻，价格低廉，可用来制作平面或立体形状单纯、曲面变化不大的模型。同时可以充分利用不同纸材的色彩、肌理、纹饰，而减少繁复的后期表面处理。缺点是不能受压，怕潮湿，容易产生弹性变形。如果要做较大的纸材模型，在模型内部要作支撑骨架，以增强其受力强度，如图1-8所示。

图 1-7　塑料模型　　　　　　　　　　　图 1-8　纸模型

### 1.3.8 木模型

木材由于强度好而不易变形。运输方便，表面易于涂饰，适宜制作形体较大的模型。木材被广泛地用于传统的模型制作中。虽然对其加工工艺有较高的要求，但木材仍可用简单的方法来加工。可以采用木材来制作细致的木模型，或作为制作其他模型的补充材料。使用它做大型的全比例的模型，则必须在装备齐全的车间和使用专业化的木工设备来辅助完成。除了非常专业的需要，一般很少完全采用木材来制造大型模型。与其他的材料相比，木模型需要用到各种不同的整饰方法。通常用它与整饰性的材料（如纸张和塑料）配合用，可以节省时间、节省费用，如图1-9所示。

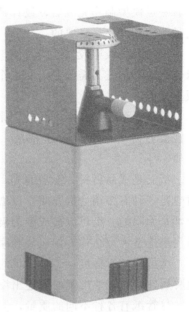

图 1-9　木模型　　　　　　　　　　　　　图 1-10　金属模型

### 1.3.9　金属模型

在模型制作中，金属经常作为补充的辅助材料。与木材一样，大的和厚的金属板、金属管和金属棒需要较重的加工设备和专业化的车间。采用金属材料加工制作的模型，具有高强度、高硬度、可焊、可锻的特性和易于涂饰等优点，通常用来制作结构与功能模型，或表现性模型，特别是具有操作运动的功能模型。

在模型制作中经常使用的是最细的和最软的片材金属，用来制作产品模型中的结构，还经常使用纸板材料上涂覆金属的漆料来模拟金属效果。加工金属材料的幅面和数量要符合制作模型时快速、便捷的原则。如采用金属材料加工制作大型模型，加工成形难度大，不易修改而且易生锈，形体笨重，也不便于运输，如图1-10所示。

## 1.4　产品模型制作的原则

### 1.4.1　合理的选择造型材料

传统的模型制作主要成型于粘土或木质的块体，较精确的模型常常采用塑料真空成型，或用聚酯加强纤维在模具中成型，这些成型方法都极为耗时和耗资，同时需要大型加工设备、专用的工具和加工经验，常要经过的加工工序包括塑造、翻模、成型、修整与修补、打磨与抛光，涂上封闭物或底漆，表面着色上漆。

所以在模型制作中根据不同的设计需求选择相应的模型制作材料是极为重要的。

例如，黏土就不能作为一种结构性模型材料来使用。塑料和聚酯模型需要大量的时间，而且需要许多的设备和较大的费用投入。这通常意味着一旦模型制作完成后，设计师就不容易再做任何的改动，尽管有时这种改动和调整是必要的。

纸和硬纸板则较易寻找，便于加工和造型处理。同时，对工具的要求也比较简单，不需要专门的工作场所，可以在任何操作台或小的切割板上完成。

纸对于草模型或研讨性模型是一种理想的材料，相对于其他材料，它能被剪刀剪切和被快速粘接，在许多情况下它是最能快速操作的介质。

纸又是成品材料，不需磨光，易于表面着色或其他后期处理。纸同时也是一种有多用途的介质。以纸来进行设计和制作模型，其表现的可能性是无限的。纸可以被成型为极轻巧的对象，如风筝、饰物、艺术品或用来建造大型结构，如包装和家具。

纸虽薄却有强度，一个简单的折就可以将纸变成结构性材料。它的这种属性往往能够准确的描述出设计中结构的缺陷。

尽管纸有各种不同的质量，但它的应用范围还是有限的，不可能适用于所有类型模型的制作。

能够满足廉价、省时、省材、省力的模型材料还包括泡沫塑料、塑料薄板。同时这些材料重量轻，容易进行加工处理，也相对的便宜，只需适当的设备就能进行加工。

当今发泡材料日益为设计师所青睐，其最大的优点在于允许设计师塑造大型的物体。在塑造大型块体的成型过程中替代了需要耗费大量时间、运用大型加工设备的木材、黏土等材料，而成为新型的造型材料。

### 1.4.2 考虑造型的比例

模型材料和模型比例之间的选择有着严格的关系。因此，除非所制作的对象实体体积非常小，对比例不加考虑外，模型的材料与比例必须同时进行考虑。例如，纸材对于大型模型来说并不是首选材料，尽管在模型内部可以设置结构框架，但最终还是会扭曲变形。相反泡沫塑料对于塑造大型产品形态来说则非常适合。塑料则更适合于制作各种比例的表现性模型。

当选择一种比例进行制作时，设计师必须权衡各种要素，选择较小的比例，可以节省时间和材料，但非常小的比例模型会失去许多细节。如1∶10的比例对一个厨房模型来说恰到好处，但对于一把椅子来说，特别是想表现许多重要的细节，就显得太小了。所以谨慎的选择一种省时而又能保留重要细节的比例，而且能反映模型整体效果，是非常重要的。

应该特别强调的是，1∶2 的模型往往带有欺骗性。旁观者常常会将按此比例制作的模型理解为全尺寸的小型产品。

如果可能的话，在模型制作中应按照 1∶1 选择与实际尺寸相符的比例。因为对于一个新的设计，原大尺寸的形体能使设计师从整体上更好的地把握设计形态的准确性。

模型最内在的价值正是在于：通过它使人们更容易了解设计的真实体量感。

### 1.4.3　考虑造型的形态

选择材料最重要的目的，是要使设计的形态形象化、具象化。但往往令人惊奇的是，在设计师脑海里设计的形象化要比纸上谈兵直接得多。

因为在设计过程的早期阶段，许多设计的细节在设计者的脑海中并未完全形成。设计者只需构造出一个大概的雏型和若干有寓意的细节即可，比如各种中心尺寸和功能构件。但考虑这些构件的材料与细节对于构造一个模型来说都是非常重要的。

例如，制作一个有着尖锐边角的方形和表面有着大量图纹装饰的形态，就应该选择以纸来进行制作。其细节可以选用现成的物品和带图案的纸材来装饰。如果设计的对象有各种各样半径的圆形倒角或柔和的曲线形态，那么用泡沫塑料或其他如油泥等可塑性好的材料就比纸更为适合。各种椅、桌的比例模型可以用塑料棒材或管材与纸材料进行组装。对于以线材为主的设计，各种直或弯曲的管材和棒状物都可以用来加工和组装成模型。

### 1.4.4　考虑造型的色彩

模型制作还应考虑与最终产品的外观有关的因素便是色彩。这点从模型制作的一开始就必须以最终的设计效果为目标进行恰当的选择。选择某种符合最终表面设计需求的材料，或选择一种符合色彩要求的材料可以节省大量的设计与制作时间。

黑与白两种颜色对于模型来说是优先选择的颜色。因为如何选择恰当的颜色永远是一个敏感的问题，更何况在展示一个新的设计时更是如此。

某一些色彩会引起与设计意图相反的心理反应（例如，有些人不喜欢黄颜色，还有些人厌恶蓝紫色）。对于一个上了颜色的模型来说，如果设计仅仅就因为色彩问题而被人拒绝总是一种很遗憾的事情。

通常认为黑、白、灰不代表真实的颜色，所以这三种色彩对模型评价的影响是有限的。更何况它们极为容易与其他颜色搭配，同时可以在模型制作时达到省时、省工、省材料的功效。

### 1.4.5　考虑造型的质地

在选择模型材料时，对于模型的表面质地也应作一个重要的因素来考虑。

如纸材料用于制作研讨性草模型和概念模型时，是很好的介质。但对于表面要求较高的外观表现性模型，虽然以纸作材料同样可以达到目的，但要投入更多的时间和精力。所以一般说来，表现性模型最好用多种材料结合进行制作（纸和木材，或木材和塑料、泡沫与纸），这样能保证设计的表现不会因单一材料的质地限制而受到影响。

### 1.4.6　考虑造型的真实性

模型外观的真实性取决于多种不同的因素。其中首要的是模型的质地、不同材料的选择、时间与精力的投入。

首先要考虑的是模型材料的质地。很显然，一个表现性模型，要比一个用于设计过程研究所用的研讨性模型需要更高的真实性。虽然有些模型并不需要严格真实的表面特征，就能够从模型所表达出的形态特征上理解其设计的内在寓意，但材料与真实性仍然有着直接的关系。例如，极其真实的模型除了球型之外都可以由纸来构造。木材、金属和塑料的质地也能给模型以相当高的真实性，但是要用泡沫材料来塑造一个真实度很高的模型几乎是不可能的。

根据以上所述的模型真实性的价值，如果对一个模型真实性所需的时间超过它的所得，可适当地牺牲一些真实性。

为了得到一个雅致的模型，质地和整洁这两点是非常重要的。一旦选定了材料的种类、比例和将要达到的真实程度，就必须坚持将它们贯穿于模型制作的始终。

在模型制作的任何阶段，随意改变主意往往会导致制作的失败。当制作工作开始后，随意改变材料、比例或试图增、减真实性的要求都会增加许多额外工作量，甚至最终成为一个结构丑陋的模型。

在制作过程中，若意识到选错了材料，比例过大或太小，可以仍然锲而不舍地做下去，不要半途而废，或者立即放弃所做的一切，重新按原先想法将它完成，然后从中吸取经验，再做一个新的。

在下面的章节中，将探索不同材质模型的制作特点及在模型设计与制作过程中各种材料与工艺的表现技法，并通过文字说明、图例来论述各类模型制作的成型过程。

这些技法将在模型制作过程中帮助设计概念的有效展开，同时省材、省力。

## 第 2 章　泥模型制作技法

- 泥模型概述
- 泥模型的材料与工具
- 泥模型的原型塑造
- 泥模原型塑造过程案例

### 2.1　泥模型概述

在对以黏土为主要材料的模型制作过程中，常要采用对材料进行雕塑的方法，并配备一定的模板工具和量具进行整形，以最终达到对产品形态的塑造和把握。

通常所说的雕塑，无论作为造型形式还是技法手段，都是一个综合的概念。作为立体造形的一种方式，有雕与塑之别，而作为技艺手段，也有两种基本方法：一是"雕"，或称"雕刻"；二是"塑"，即通常所说的"塑造"。

由于习惯上的影响，有时往往容易不加区别地把"雕"同"塑"混淆起来。二者虽然都是对立体形象的表现形式和制作技法，可是运用与材料的技法和性质是大不相同的。

"雕"或"雕刻"，主要是指在非塑性的坚硬固体材料上，借助具有锋利的刃口的金属工具进行雕、凿、镂、刻，去除多余的材料，以求得所需要的立体对象。如石雕、木雕、牙雕、砖刻等。其中"雕"同"刻"也小有差异："雕"一般是对较大面积材料的切除，常指对整体性立体对象的雕制；而"刻"则多指对表层或浅层小面积材料的剔除，如扁体性的石刻、木刻等。

但无论是"雕"还是"刻"，都是由大到小，由外向里，把材料逐步减去而求得的造形。

"塑"就不同了。"塑"的主要特点，是利用柔韧的可塑性材料易于塑造变形的性质，主要通过手和工具的直接操作，从无到有，从小到大，由里向外来完成对形体的塑造。用可塑性材料逐层添加的方法把立体对象的形体垒积构筑起来，如泥塑、面塑。

人们之所以不把它们称作"泥雕"、"面雕"，就是出于这个道理。

试想，当用泥或其他软质材料捏小人或小动物的时候，总是从无到有，由小到大，一部分一部分地将材料捏成适合于所要塑造对象的立体形状，把这些形态彼此粘接起来。可先捏出躯干，再粘上头、粘上四肢；还可以边捏边粘，也可以捏得差不多了再粘上去；也可以粘上之后再继续捏，直到捏出一个完整的形象。这就是最简单的"塑"。

一个较复杂的立体的塑造对象，其塑造过程自然也会是比较复杂的。无论如何，必须明白的是"雕"与"塑"的基本概念是有本质的差别。

可见，雕塑中"雕"与"塑"本质的不同是由材料本身的不同性质所决定的。在一般情况下，对于"雕"与"塑"的概念在习惯上的某种笼统理解，大可不必追究。但问题涉及到特定的技巧方法时，应能够明确地把握它们之间特定的内容、含义以及差别。

将"雕"与"塑"在此加以区别，主要的目的是在对下面内容的叙述中便于了解塑造的技法、特点及其有关规律。

## 2.2 泥模型的材料与工具

### 2.2.1 材料

制作泥模型的黏土材料，可以分为水性黏土及油性黏土两大类。黏土以其可塑性强，易于加工修改，常被应用于设计初期的研讨性模型。特别要强调的是：设计制作模型用的黏土是以油性黏土为主的。例如，在汽车外形设计过程中使用最多的就是油性黏土。采用缩小比例的泥塑研讨性模型，是为设计人员提供研究、修正、研讨之用。

由于泥模型材料受气候、温度、湿度的变化影响会产生的收缩和变形，所以对尺寸精度有严格要求的设计，通常要求采用质量稳定、塑性较好的黏土作为模型的塑造材料。因此黏土的品质是模型质量好坏的关键。选择质量好的泥塑材料有利于塑造过程的顺利进行。

（1）水性材料

水性黏土，按颜色大约可分为三种：白色黏土、灰色黏土、棕褐色黏土。

水性黏土是用水调合上质地细腻的"生泥"，经反复砸揉而成"熟泥"。其特点是黏合性强，使用时以柔软而不粘手，干湿度适中为宜。这种泥取材方便，可塑性大，从捏塑小泥稿到大型雕塑的泥塑创作都可选用熟泥来塑造原型，泥土的颜色有多种，极适合创意模型的制作。

① 陶土：是由多种微细的矿物质组成的集合体。多呈粉状或块状，由于其矿物质成分复杂，颗粒大小不一致，常含有粉砂和砂粒等。由于含有有机杂质，因而颜色不纯，往往呈灰白、黄、褐红、灰绿、灰黑及黑色等。因陶土具有吸水性和吸附性，所以加水揉合后即具有较好的可塑性。

② 黏土：在自然界中分布广泛，种类繁多，储量丰富。其主要化

学成分是氧化硅、氧化铝和少量的氧化钾，具有矿物质细粒，经破碎、筛选，研磨、淘洗、过滤和水掺合而成泥的坯料可用于雕塑及需要拉坯成型的模型。

陶土、黏土模型的主要工具是手和手工塑造工具。

由于陶土、黏土均属含水性材料，干后易裂，不便保存，一般多用于模型设计创意阶段的制作或翻制石膏模型之用。

③ 纸黏土：实际上与纸无关，它是一种由石棉粉、滑石粉、化纤短纤维和溶水黏料混合而成的雕塑用泥，因颜色发白似纸，故称为纸黏土。有包装的纸黏土呈湿泥状，如黏结变硬成块，可用少许清水捣碎，搅拌成泥状后即可重复使用。对已干燥的块状纸黏土还可以用刀进行雕刻。

制作纸黏土模型的工具较简易，一个转轮再加上雕塑刀和多用刀即可。纸黏土的缺点是强度低，质地欠细腻，不宜塑造精细复杂的形态，但适宜于模型设计创意模型的制作。

由于水性黏土材料干燥后容易龟裂，塑造后的模型不易保存，因此，往往将塑造后的模型，再翻制成石膏模型，以便于进行长期保存。

当拌合泥时，免不了有时会把泥和得干稀不匀，不能用于塑造模型。泥太稀黏性大而过软，妨碍大形塑造，易粘附在手和工具上。同时随着泥土中水分的蒸发，泥土收缩性增大，模型表面会龟裂。如果塑造泥料过于湿软，可按所需的量取其一部分，进行反复揉炼，以加速泥内水分的挥发。也可将湿泥放置于洁净而干燥的石膏板上，使之充分浸润，至适当湿度时再将泥料揉合均匀，或将泥分成薄块置放于背阴处，晾干一段时间，再敲打使用。不要把稀泥放在阳光下晒干，这样做会使表面干硬的泥块经敲打后掺合在泥中，造成泥体的不均匀，使用时极不方便，应注意避免。

塑造中用过的泥料，或已干固的泥料，可敲碎放回泥池或泥缸，加水闷湿，反复使用。塑造时需注意泥的保洁，勿粘混杂质，保持泥体的润洁。

在塑造过程中，如果模型表面的泥块湿度与里层泥的湿度一致，泥与泥之间黏合力强。若泥的表里干湿不一致，黏附力则受到影响，即使黏合在一起，一旦遇水，表层的干泥便会脱落，特别对模型的细节的塑造影响很大。

重要的是：塑造用的泥土的干湿软硬程度，是以手指轻捻即可变形，不裂又不粘手指为宜。黏土过干塑性变小、变硬，塑造时上泥费力，不易"塑型"，黏着力小，容易剥裂。过湿则粘手，也不便"塑型"，且承受力弱，易坍塌，收缩性及干裂的可能性都较大。整个塑造过程中的用泥最好保持在相对接近的湿度状态。

在模型设计制作过程中，黏土的使用占相当大的分量。黏土是一种可以依据设计师的想法，最能让设计师发挥造型能力的材料之一。在模型塑造或研讨过程中，可以随时添补、削减，可以完全按照心意自由反复的进行修改，在研讨过程中能立即进行具体化的修正。这充分体现了黏土材料在塑造过程中的优点，是其他种材料所无法比拟的，非常适合于塑造工业产品中不规则曲面，凹凸面的表达等较复杂形体的塑造。

用黏土材料制作的模型很容易受损，对于需长期的保存以及两地之间的搬运工作并不适宜。所以当泥模型完成后，一般要使用石膏进行翻模，或用其他可以替代的材料翻制胎模，以保持模型的原型。这种通过石膏翻模，保持原形的方法，被广泛地应用于产品模型的塑造中。

（2）油性材料

油性泥是一种人工制造的材料，比普通水性黏土强度高，黏性强。

油泥是一种软硬可调，质地细腻均匀，附着力强，不易干裂变形的有色造型材料。主要成分由滑石粉、凡士林、石蜡、不饱和聚酯树脂等根据硬度要求按一定比例混合而成。在室温条件下的油泥硬固，附着力差，需经加热变软后才能使用。但如果加热温度过高则会使油泥中的油与蜡质丢失，造成油泥干涩，影响使用效果。

油泥模型在一般气温变化中胀缩率小，且不受空气干湿变化而龟裂，可塑性好，易挖补。

颜色均匀，适于塑制创意模型及较精细的工作模型。油泥的缺点是不能用于拉坯成型。

油泥具有不易干裂的特点，常温下可以长时间的反复使用。在温度较低的情况下油泥则会变硬；在温度过高的情况下油泥会变软。过硬或过软都会影响油泥的可塑性。

所以在冬季使用油泥时，室内最好要有取暖设施，将温度升高，并保持常温。若无取暖条件，也可以用热水温软油泥，使用时倒一盆温热水，将油泥分成块放入盆中隔水加热，待软后取出使用。

夏季气候炎热，环境温度高，油泥极易软化。塑造时，应避免阳光直射在模型上，应选择在阴凉通风处进行塑造作业。

油泥黏性好，韧性强，不易碎裂，适合于塑造形态精细的模型。油泥在反复使用过程中不要混入杂质，以免影响质量。不用时可用塑料袋套封保存，可长期反复使用。

由于油泥材料的价格高于黏土材料，在制作较大的油泥模型（图2-1）可先用发泡塑料做内芯、骨架，使油泥的利用既经济又充分。

塑造的辅助材料有木质、金属、塑料等材料。辅助材料是在塑造过程中为增强模型牢固性且可充当模型的骨架材料。木质材料有木板、木块等；金属材料有铁丝、薄铁板；塑料材料有塑料板、棒、管等都可以用来扎制模型的内骨架。

综合材料有泡沫塑料等，在塑造中可用作"填充料"以增大模型的内部体积，减少表面加泥量，能够有效的减轻模型的自重。但对于体量不大的模型则没必要使用，对于大、中型模型尤为适用。

图 2-1 油泥

严格地讲,油泥是有机与无机物的混合体。油泥遇明火易熔融滴落,燃烧后会成为黑灰色灰烬。因其具有与水性雕塑泥相同的可塑性,故与黏土归为一类。

制作油泥模型的工具主要有转轮、拍板、油泥雕塑刀与平台等,油泥模型的制作与黏土模型制作的方法基本相同。

油泥的可塑性好,稍加热后可以用刮板进行顺畅的加工造型。油泥类型有很多种,但应选择具有颜色均匀、颗粒细、随温度变化而膨胀收缩量小、易填补、具有良好外观品质的品种。

油泥材料是产品设计模型制作中经常用到的一种材料。由于油泥加工方便、容易修改,特别适用于概念模型的制作。在一些家用电器,汽车等交通工具的模型制作中应用十分广泛。

无论采用的是水性黏土还是油泥为材料,一般塑造用泥的色调,以具有中等明度的暖色调为好,因为这种色调的视觉效果对塑造较为有利。过于深暗的泥色,如黑灰色泥,在形体塑造时不利于辨识形体变化的细微差别。

### 2.2.2 塑造的主要工具种类及运用

（1）手

应该把手看成是塑造的主要工具。这也是塑造材料和技艺特点本身的要求。泥料的可塑性和柔韧性,富有弹性、表面比较柔韧,要求伸缩曲转灵活用手直接去接触泥体,改变它的形状,进行堆积、粘接,塑造出设计对象的形体。

手本身适应泥料特性的能力很强,通过手能产生各种变化微妙的形体,是塑造功能最强的工具。

在大多数情况下,塑造过程还需借助于其他工具来辅助手的工作。如某些多余泥料的去除;某些手指难以到达的深度或细部的塑造;各种体、面、线角或特殊的表面质感效果的表现强调等等。

对于特大型或过小型的塑造对象,根据各自的特殊需要,还需备有专用的塑造加工工具。但就塑造的一般过程来说，大都离不开手的直接动作。

因此，在塑造的过程中，便要特别注意手本身的运用和技巧训练。要有意识地养成用手直接进行塑造的习惯，培养手对泥的控制技巧和对形体塑造的灵巧性。从形态的基本构筑到大面积形体的产生，形体表面细节的塑造加工，几乎都可以用手的动作来直接完成。

在运用手进行塑造的同时，也要掌握和运用其他工具的技巧与方法。要善于把手的直接动作与工具的运用在塑造中有机地、灵活地结合起来。

（2）木槌

木槌是在塑造的初期堆塑大体形态时，必须用的工具之一。

木槌用来敲实泥块，使泥块与泥块之间密实并相互粘接，成为一体，增强牢度。

木槌的功能，也可以用来拍塑模型的大体形块结构，尤其在制作较大型泥模时用得最多。

木棒可以自制，取一根 30cm 长，4cm×4cm 见方的方木棒，将其一端削出如手柄状便于抓握即可。槌体表面不要太光滑，应稍粗糙，使用起来不易粘黏泥土。

（3）泥塑刀

经常备用的塑造工具是泥塑刀。泥塑刀的样式很多，并没有固定统一的规格标准。它的形状、尺寸，应根据塑造的对象大小和形体加工要求，以及个人的塑造习惯与手法特点而有所不同。泥塑刀也可根据需要自行制作。

一般塑造用的泥塑刀有以下几种类型，如图 2-2 所示。

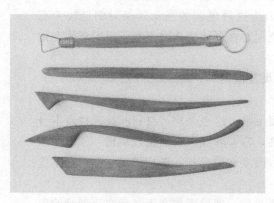

图 2-2　各种形态的泥塑刀

① 曲体泥刀。这是一类中间为柄、两端略向相反方向弯曲的泥塑工具。其一端为较宽的扁圆刀头，另一端为较窄的扁圆刀头。

这种泥塑刀最好用性韧质坚的木料削制，也可以用竹片削制。削制时，两端的刀头部分必须从圆柔的曲面过渡到中间的柄体，并将刀头前侧一边的边缘打磨成稍微锋利的刃口。

由于扁形刀头既有一定锋利的刃口，又有一定弯曲度的弧面，较适用于处理形体中各种曲面转折和形体表面的某些细部加工，在塑造中使用较多。

这类泥塑刀可以有各式变体，尺寸也大小不一，视所制作模型的尺度而定。一般长约五六寸，宽约一指即可。

② 铲切泥刀。这是一类既可用来塑形，又可以方便去除形体多余泥料的刀具。其一头也是微微弯曲的扁圆刀头，或叫铲式头，可用于压接或铲除形体某部分的泥块、填补泥隙、加工形体表面；另一头则为近似脚刀的三角形刀头，多用于切除泥块、切压定位、塑造形体中的沟槽线角等。

形状亦是两头之间以圆柔曲面过渡到柄体。但整把泥塑刀通体较直，不宜两头弯曲。其三角形刀头的刀锋需与柄体处于同轴垂直向上，不宜侧向弯曲，以方便切削泥体，有利控制运刀的方向，整把泥塑刀长大约五六寸。

③ 镂耙塑刀。这是一种一头或两头带有环形金属耙齿的塑刀。是将粗细适度的铁丝或其他金属细条，弯曲成略似扇形或梯形的环，用细铁丝将环留出的两头，缠绕在木柄或竹柄一端的两侧，然后将环的顶边一侧，并排锉出一些锯齿；也可先将环的顶边先锤扁再锉出锯齿，以增强其锋利，然后用铁丝进行缠制。

镂耙塑刀的大小耙齿环的形状以及柄体的造型，可根据需要自行设计。可将耙头的环制成圆形、半圆形、三角形、斜角形的；柄体的另一端也可作成扁式刀头，可以塑耙两用。

这种工具的主要用处是，耙除形体深部或表面多余的泥料，进行曲面或平面的修整，镂出形体所需的孔隙凹槽，以及耙出某种含有粗糙意味的形体表面的质感效果等。

用镂耙塑刀去除已经变得较为干硬的泥料尤其省力，并易于控制方向。这种塑刀除上述制法外，也可以是通体都用金属板条制成。金属镂耙塑刀的耙头不是环状，而是弯成扁宽带齿的各式弯曲形体的镂耙。

（4）量规

用于塑造用的量规多为长脚规，是一般金属长脚钳形卡规。

量规用来检验模型塑造过程中尺度是否恰当。必须明确指出，并不是靠卡规的量、比来进行塑造的；在整个塑造过程中自始至终都必须靠眼的敏锐地观察、审度和手的准确塑造来把握。量规只是用来辅助校正塑造过程中形体的尺寸。

（5）转盘

转盘是用于在塑造过程中，辅助塑造过程的工具，塑造者能方便的通过转动转盘，对所塑造的对象从多方向的进行观察，尤其适合对于小型模型的塑造。其构造并不复杂，有现成的产品，可以自行制作。材料可选用金属材料、木质材料和石膏等材料进行制作。三种材料中，以金属材料制作转盘最佳。

（6）喷壶和盖布

喷壶用以在间断性的、时间间隔比较长的塑造作业过程中，对水性泥体喷施雾水，以保持必要的湿润度和可塑性，如图2-3所示。

图 2-3　喷壶

盖布的作用也是如此，主要是在间断塑造期间，以湿布覆盖在塑造对象的形体上保持泥体的湿润度。也可用密封性较好的软质塑料薄膜代替。

根据上面所述，由于各种工具用途的不同、塑造对象的不同，只要置备最必需的用具即可。

## 2.3　泥模型的原型塑造

是通过把泥料塑造成为所需的形态，并能据此翻制成模具的泥胚体称为原型。

必须指出，这里强调的是"能据此翻制模具"的泥胚体，而不是简单地为了翻制模具。原型塑造的基本出发点是在对设计概念的剖析、发展，同时也包括了对制作模具在内的成形因素的充分考虑。

有人认为产品模型的原型塑造与模具制作是两回事。这种看法是很片面的。确实，原型塑造与模具制作，往往是设计过程中的两项工作。但从原型塑造、模具的设计到模具的翻制，常常是由设计者本人独立完成的。而且，原型塑造也包含着优化制作模具、以获取最佳成型效果的合理性因素在内，处处体现了模型制作过程作为设计过程不可缺少的一个设计过程来考虑的。所以合理的成型工艺，也是模型设计与制作要考虑的重要因素。

也就是说，无论在什么样的情况下，对原型的塑造隐含着对产品潜在的设计意图，通过原形塑造，更进一步地说明了模型制作不再是一门简单的技艺。在尚未进入制作模具之前，原型塑造就应当考虑如何以最佳的方式划分模块、进行分型，怎样拼合等工序有了基本的构想，并在其造型上作出了相应的处理。

## 2.4 泥模原型塑造过程案例

本章以电熨斗为案例，来分析泥模型塑造的制作过程。

（1）电熨斗的塑造步骤

① 准备好设计完成的电熨斗的正投影图；

② 标好主要尺寸；

③ 确定模型制作的比例。

图纸方面，至少需要顶面、侧面、正面、后面四个正投影视图。如图 2-4 所示。

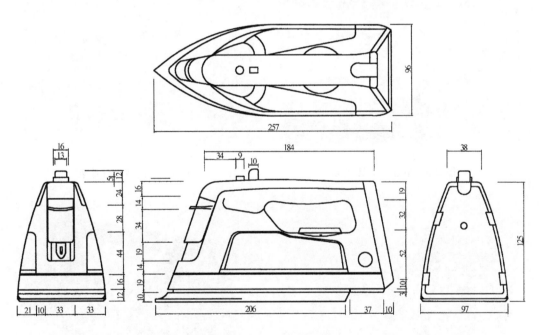

图 2-4　电熨斗的三视图

（2）所需要的工具（如图 2-5 所示）

① 工作台；

② 金属 L 型角尺；

③ 金属直尺；

④ 划线规；

⑤ 三角板；

⑥ 圆规；

⑦ 高度规;

⑧ 固定规;

⑨ 泥塑刀;

⑩ 刮泥刀;

⑪ 透明塑胶带。

（3）模型初胚

按设计图的比例准备好适当的初胚材料，一般用发泡塑料削切粘合而成或用木材骨架。主要是为了给出模型的基本形体，（需要注意的是，初胚与电熨斗的外形，按模型的比例一般小 1～2cm 预留作为上泥的厚度）。并且尽量减少突出的锐角，便于后期的上泥和刮切。为了准确制作初胚，也需要根据图纸尺寸画出它的外形。

本案例以木材骨架作为模型的初胚。

如图 2-6、图 2-7、图 2-8、图 2-9 所示。

图 2-5　塑造用工具

图 2-6　模型木材骨架

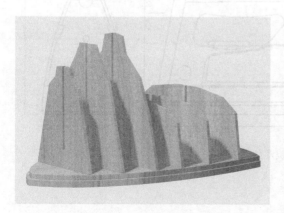

图 2-7　将骨架各部分按形态排列钉合

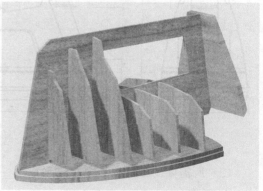

图 2-8　电熨斗内骨架结构各部分
以铁钉钉合成一个整体

上泥的程序分为两步，先上一层薄泥，然后再补一层厚泥，上泥分量的原则是宁缺勿滥。这样做是为了保证泥和模型初胚的结合强度，如图 2-10 所示。

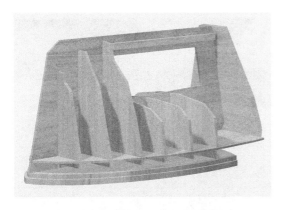

图 2-9 电熨斗手把的侧面有凸出的部
分，利用片状的板材钉合。左、右
钉上二条支架连接左侧及右侧

图 2-10 电熨斗的骨架结构
完成后就可以上泥

　　将泥一片片用手指粘于骨架结构体上，一层层、一片片粘压实，逐渐增加厚度，上泥时要注意用力来回压实，不要让泥层之间留下空隙，否则会影响模型强度，后期刮切时空隙也有可能暴露出来。用手塑出电熨斗的粗略形态，如图 2-11，图 2-12，图 2-13，图 2-14，图 2-15 所示。

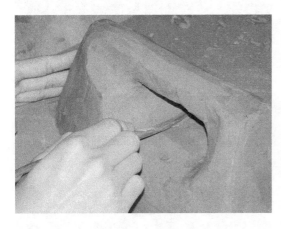

图 2-11 利用泥塑刀把黏土表面整平，
用刮刀将多余凸出的黏土刮除，此项
作业宜注意粗估形状

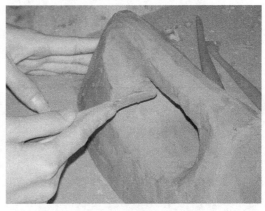

图 2-12 用泥塑刀塑出电熨斗
的主要形态过渡面

　　因此模板必须精确地从图纸上拷贝下来，再用有机玻璃板或多层板制作出来。一般而言，模板主要有一个中轴线模板（从测视图取出）和一个电熨斗侧沿模板（从顶视图取出）及若干个侧面模板（从正面视图取出）。把模板根据工作台上的定位线设置好以后，可以找出模型在这些位置所上泥的盈亏，在这个基础上把泥补全。主要制作过程如图 2-16～图 2-29 所示。

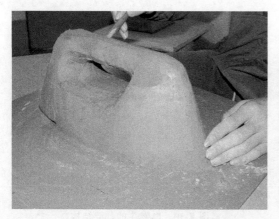

图 2-13　补足表面凹洞，刮除多余黏土

图 2-14　用雕塑刀修整推平模型的表面

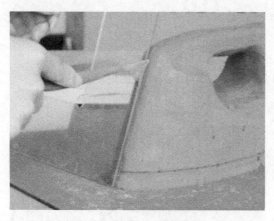

图 2-15　在泥模型上刮出中心线，
用高度规划出电熨斗的底板

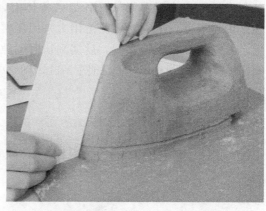

图 2-16　用模板取型，模板的作用是
限定模型的外形，保证模型的精确度

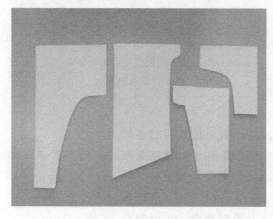

图 2-17　电熨斗不同部位的主要模板

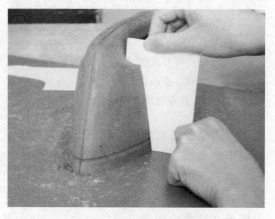

图 2-18　用侧沿模板卡测外形

图 2-19 用侧沿模板卡型。依左边正确形状，刮出右边对称形状。这是一个反复的过程，必须多次用卡测，模板的断面越多，卡测的模型越精确

图 2-20 用侧沿模板卡测右边形态

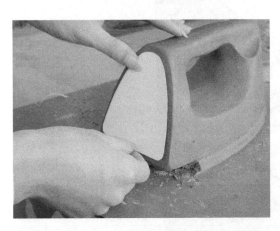

图 2-21 用后模板拷贝出模型后座形态

图 2-22 雕出模型后座形状

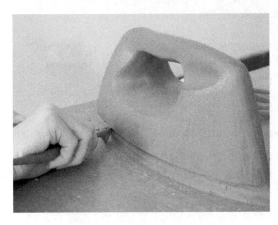

图 2-23 雕出模型的底部形状

图 2-24 用软塑料模板在模型拷贝出左右对称的侧面形态

图 2-25　用软塑料模板拷贝出
模型另边的侧面形态

图 2-26　用尖刀刻划出两侧面的形态

图 2-27　用雕塑刀刻削模型两侧的凹陷部分

(a)

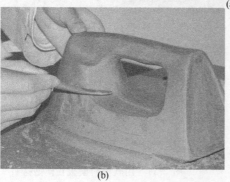

(b)

(c)

图 2-28　雕塑刀精心刻划出侧面细节

图 2-29　完成的电熨斗泥模型

用黏土塑造完成之后的产品模型的泥胚，为了保持黏土的湿度，应用潮湿的布进行覆盖，以达到防止水分蒸发、避免作品产生龟裂的现象。

以上介绍的是泥模型的塑造方法，由于泥模型会随着水分的蒸发而产生收缩、龟裂，所以泥原型塑造完成之后，应及时翻制成石膏模，以便供长时间的保存。

为翻制石膏模，最关键性的问题，是要使翻制的模具能从所塑造的原型上按确定的方向无障碍地分离开来，如果做不到这一点，便无法成形。要能做到方便地脱模，顺利地使泥胎模型合理地被分离，在原型塑造中就要考虑以下要求。

**泥胚模型的分型**

泥模型所塑造的各体、面、转折形态，必须有一定的脱模斜度，要以大的平面作分型面，要考虑模具型腔内侧的倾角，不要处于与脱模方向平行的方向上，更不能倾斜向外，即内窄外宽。

**脱模方向的选择**

脱模方向最好选择在能将每一块模具从与原形泥胚表面垂直或接近于垂直的方向分离。若对模型分型面选择不当，使得制作的模型不能顺利地脱模，就会产生脱模障碍。

在塑造形体的泥胚上划出模型的分型面是否合理，所确定的脱模方向是否恰当，都会直接地影响到能否顺利地脱模。当1至2个简单的分型面不能解决整个产品模型的脱模、取模问题时，那么就要调整分型界线与分型面，增加分型面的个数，增加模块块的个数，选择有效合理的分割，以便使翻制模型、制作模具的工作能有效、快捷、方便地进行。

当然这样做也会带来其他不利的因素：一是加大了翻制模具的量与次数；二是斜向的脱模不像垂直方向的脱模那样易于准确控制，稍有不慎，便可能使模具在脱模时擦伤被翻制的泥胚母体。所以在模型塑造的过程中，在还未进行翻制模具之前，需将可能涉及到的分型面个数、脱模障碍等因素在产品模型塑造的过程中加以考虑，目的是为了把矛盾减少或排除到最低限度。换句话说，原型塑造不仅在模型制作的过程中要体现出对产品设计的优化意图，还要体现出产品设计的模型制作也是真正的、带有设计创造意义的一门技能，包含了产品设计人员、工程师对新产品在未来制造工艺及程序上的某种合理性的探索，从这个意义上说，原型塑造也是进行制造模具设计的前奏。

设计师在明确了模型的翻制过程后，就能够总结模具翻制过程中的经验教训、进一步调整设计结构的合理性、对产品形态进行研讨，把结论作为后续设计所要考虑的因素，融入到今后的设计过程中去，并加以应用与创新。

**模具分型宁少勿多**

一件塑造成型的产品模型的泥胎，模具分型的多少，首先取决于所塑造形体形态的变化与结构的复杂程度。一般说来，复杂多变的造型所需的模具分型要多于较为简单的造型，但这并不是绝对的。有时看似复杂多变的形体，如选择得当，未必一定比看上去貌似简单的造型所需的模具分型更多。因为造型的复杂程度并不一定与脱模障碍成正比。一个较复杂的产品造型，如果塑造处理和分型划分得当，同样可以把脱模障碍减至最低限度，这样产生的模具分块也最少。

所以模型分模应该遵循的原则是：形体顺应脱模的分型原则。其核心的意义，就是在保持造型既定面貌的条件下，尽可能减少其脱模障碍，尽可能减少模具分型的数量，从而也减少分型过多对所翻制对象造成损伤的机会，避免在由模具复制母体过程中，由于分型过多而产生影响的形体误差，有利于保存产品设计中形体的原貌，减少制模、成型加工工序。

# 第3章 石膏模型制作技法

- 石膏模型概述
- 石膏模型材料与调制方法
- 石膏成型技法
- 石膏模具的设计与翻制
- 石膏模型的表面处理

## 3.1 石膏模型概述

泥模型虽然采用湿布、喷水的方法来保持泥模型的水分和防止杂质的混入，但毕竟这种方法仅能保持短暂时间的不变形，时间一长，水分逐渐消失，仍然会导致模型的收缩变形和干裂。

为了使产品模型可以长久保存下去，人们通常采用将泥模型翻制成石膏模型的方法来保存作品，以便长久地保留所塑造的产品形态，同时也可以通过制作石膏模具的方法进行多次复制原形。

由于采用石膏模具的方法翻制产品模型成本低，不需运用太多的工具，操作占地面积小，操作简单，所以一直被广泛地应用于艺术设计、模型制作的领域。在模型成型技法中，这是一种重要的、也是最常用的成型方式。

石膏模具法是石膏成型技法中翻制模型惯用的一种方法。通常，石膏模具是在已塑造完成的黏土或油泥模型母体上，抹上一层脱模剂，在泥塑母体上浇注上一层具有一定厚度的石膏浆，当石膏浆完全凝固后，再取出泥塑的原型，形成中空的石膏模具。

石膏模具与原泥塑模型成为形态上正好相反的阴性模关系。这时泥塑原型已被破坏，而利用阴性的石膏模具来复制保留原来的作品。

在阴性的石膏模具型中，浇注石膏浆，待石膏浆凝固成型之后，敲碎阴性的石膏模具，或分片、分部的分开阴性石膏模具，就可以得到复制模型，既石膏的作品原型。

石膏模型能较好地保留设计者原创作品的形态。如果翻制完美，石膏材料能百分之百地复原出所设计产品的原型，很好地保留和传递作品的形态。

石膏模型更有利于保存，假若石膏模具被分片、分部分地剥离，复制出来的石膏模型母体不被损坏，便可以多次复制，复制出多个相同的作品。

本章所讨论的石膏为［熟石膏］。这种模型材料早在 15 世纪后，就被广泛应用于艺术界及艺术设计、建筑等领域，成为复制黏土等可塑性材料所塑造的作品的通用成型方法。

## 3.2　石膏模型材料与调制方法

### 3.2.1　石膏材料

生石膏即天然石膏，是一种天然的含水硫酸钙矿物，纯净的天然石膏常呈厚板状，是无色半透明的结晶体。由于它是含有两个结晶水的硫酸钙，故又称为二水石膏。

将生石膏煅烧至 120℃ 以上而不超过 190℃ 时，生石膏中水分约失去 3/4 而成为半水石膏。若再将温度提高至 190℃ 以上时，半水石膏就开始分解，释放出石膏中的全部结晶水而成为无水石膏即无水硫酸钙。半水石膏与无水石膏统称为熟石膏。

模型石膏主要是二次脱水的无水硫酸钙，呈白色粉末状，石膏粉与水混合调制成浆后，初凝不早于 4min，终凝不早于 6min，不迟于 20min。

熟石膏粉可以在化工商店购得，但常因质量各异，所以在使用前需做凝固试验。

用熟石膏制作模型具有以下优点。

① 在不同的湿度、温度下，能保持模型尺寸的精确。
② 安全性高。
③ 可塑性好，可应用于不规则及复杂形态的作品。
④ 成本低，经济实惠。
⑤ 使用方法简单。
⑥ 复制性高。
⑦ 表面光洁。
⑧ 成型时间短。

熟石膏粉具有很强的吸水特性。通常熟石膏粉都是一包一包的用塑料袋密封包装，所以一袋熟石膏最好一次使用完，如果不能一次用完，必须把剩余的熟石膏粉密封包装妥当，置放于干燥的地方，隔次使用间隔时间最好不要太长。

熟石膏粉本身具有的吸水性，制约了熟石膏的使用寿命，稍有潮湿，就会影响它的硬化凝固性能，一旦熟石膏粉受了潮，就无法再次使用。

### 3.2.2　调制石膏的方法和步骤

在调制石膏浆之前，需要在模型母体上刷涂脱模剂，准备好一桶水，一件搅拌用的长勺或搅拌器，一件便于操作的容器，容器可以是杯、碗、瓢、盆，最好是塑料制成的，还需少量的废旧报纸，以备清扫之用。

在开始调制石膏浆的操作前，必须先在容器中放入清水，然后再用手抓起适量的熟石膏粉，一次一次均匀地把石膏粉撒布到水里，让石膏粉因自重下沉，直到撒入的石膏粉比水面略高，此时停止撒石膏粉的操作。

让石膏粉在水中浸泡 1～2min，使石膏粉吸足水分后，用搅拌用具或手向同一方向进行轻轻地搅拌，搅拌应缓慢均匀，以减少空气溢入而在石膏浆中形成气泡。连续搅拌到石膏浆中完全没有块状，同时在搅动过程中感到有一定的阻力，石膏浆有了一定的黏稠度，外观像浓稠的乳脂，此时石膏浆处于最佳浇注状态。

特别要强调的是：①调制石膏浆时，切记不可直接往熟石膏粉上注水。在调制石膏的过程中，不能一次撒放太多的石膏粉，否则也会产生结块和部分凝固现象，难于搅拌均匀。②石膏撒放后要静置片刻，等它溢出气泡。③要向同一方向搅拌。④调制的浆液处于浇注时不能太稀也不能太稠，更不能开始固化。

## 3.3 石膏成型技法

石膏模型成型有雕刻成型、旋转成型、翻制成型和平板成型等方法。

（1）雕刻成型

首先按照模型外观形状做一个大于模型尺寸的坯模，将石膏调制成浆后注成坯模块，待发热凝固后即可用于雕刻加工。

（2）旋转成型

按上述做坯模的方法在转轮上浇注石膏坯料，旋削时可手持模板或刀具依靠托架进行回旋以刮削成型。

（3）翻制成型

将模型需按制品的形状确定分模数量。一般有整体模（一件模）、二件模、三件模等，翻模件数的多少反映了翻制工艺的繁简。通常翻制模型以采用二件模为多。

由于模型的结构和形状各异，所以分模线不一定为直线。确定分模线应沿模型的最高点或最宽点插布分模片，并尽量考虑两个模件能以相向的方向开模为宜。

对于模型中的附加部位形态，可采用相应的方法采取分别加工、翻制后再粘接成型的方法。

在模型成型技术中，石膏模型的成型技法是一种加工便捷而又经济实惠的成型技术。在成型过程中可根据不同的产品形态特点，选用不同的加工方法。下面就一些在产品设计的模型制作过程中用到的石膏成型技法作一些介绍。

### 3.3.1 石膏平板成型

利用石膏的属性，采用简单的加工手段，制作出平整的石膏板，制作石膏板的方法和步骤如图 3-1～图 3-6 所示。

图 3-1　围栏用的玻璃板及
不同规格的金属管

图 3-2　选择与将要成型的平板
厚度相同的金属方管，在平板玻璃
上围成所需的长宽尺寸

图 3-3　调制石膏

图 3-4　灌浆浇注

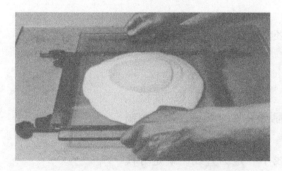

图 3-5　趁石膏尚未凝固时，用一块玻
璃覆盖在石膏浆的表面，使表面多余的
石膏浆会向四周溢出。此时应两手持玻
璃板，稍加移动，使石膏浆在围栏
内向四周流动，充满各边角

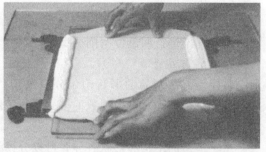

图 3-6　使围栏内的石膏浆完全充满
围栏，让多余的石膏向四周溢出

在一块平整、干净的表面（如玻璃板表面）上，按实际形态和尺寸大小的需要，选用符合所需石膏板厚度的木条或其他材料作为挡板，围成一个四周封闭、彼此垂直的浇注空间，形成供浇注石膏浆用的框架。

注意在挡板与挡板之间的连接处要用黏土固定，不留缝隙，否则浇注时，石膏浆会从缝隙中流出，并在挡板四周用重物支撑，以避免石膏浆的压力将挡板挤垮。

调制石膏浆时水与石膏粉的比例应掌握好，这样才能使浇注出来的石膏板质地均匀。石膏的调制过程是先把水放入容器，再均匀地加入石膏粉，待石膏粉全部加入后（这时石膏粉的顶尖部分要露出水面，石膏与水的比例才合适）再用工具搅拌均匀。

将调制均匀的石膏浆慢慢地往预先由挡板搭好的框架内浇注。浇注时应浇注在平面中间，让石膏浆从中间往四周流动，以排除石膏浆内的空气气泡。为了使制作的石膏板厚薄均匀，高度一致，浇注石膏浆的量要略高于边框高度。

如图 3-7 所示，在石膏尚未凝固时，在平板玻璃上用重物压镇，以上的操作过程应快速、有序、不可间断，其最重要的一点是石膏的调制，即不可太稀，也不可太稠。

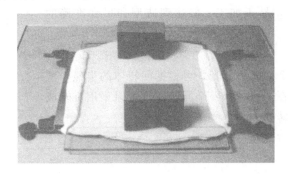

图 3-7

等石膏凝固大约 10min 左右，石膏块会微微发热，用手摸，石膏不粘手，就可移去覆盖在石膏上的玻璃板和周围的挡板，用刮刀对表面边角进行修整，就可制作出一块平整的石膏板。如图 3-8、图 3-9 所示。

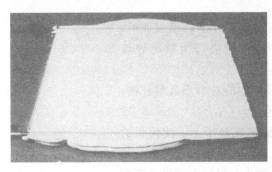 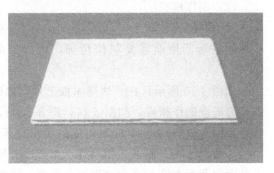

图 3-8        图 3-9 解围修整

### 3.3.2 不规则曲面的石膏成型

由于产品形态的复杂多变，不规则的曲面、复合曲面在产品外形设计中大量地运用，在模型制作中不可避免地要涉及到不规则曲面的石膏成型。下面通过一些简单的曲面成型的练习来学习和掌握这些基本的方法，同时举一反三，为复杂形体的石膏成型积累经验。

遇到不规则的形体，可以采用模板来辅助成型。所谓模板辅助成型，首先要做的是根据制作对象的曲面形状，制作出负形的模板，然后用正性模板来围栏，用负形模板来顺势修型。其余操作步骤与石膏平板的成型方法一样。

### 3.3.3 石膏的旋转成型

对于一些规则的、回转体石膏的模型成型来说，一般可以在特制的制陶轳辘车上加工成型。如各种器皿类的回转体模型的成型既是如此。这种加工方法犹如在车床上对金属的加工一样，用车刀将多余的形体逐步地切削下来。

这种利用制陶轳辘车加工回转体类的模型，方法十分简便和省时。在制作其他类似回转体的形体时，也可以先用石膏浇注成石膏块，石膏块的形体应以接近产品的大致形体为好，这样做既可以节省石膏，又可节约加工时间，并且成型准确，易于加工，能达到造型和尺寸准确的形态。

### 3.3.4 回转体石膏成型

在不翻模的条件下制作一个回转体石膏，可根据回转体的半径，预先精确制作出负形模板，要使石膏成型为一个回转体，可以采用旋转成型的方法来取得均匀的实心回转体。

旋转法制作实心回转体的方法和步骤如下。

（1）自制悬空的旋转器

选择一个结实牢固的木箱子，在箱子上互相平行的一对边的中间点处，相应地开一对凹槽作为轴承，在这一对凹槽上支上一根粗的铁丝，使之成为一个转轴。将铁丝外伸的一端弯曲成一个曲柄，以便旋转。在铁丝的中段上，缠绕上细麻丝或纸条，以便挂浆之用。

（2）制作模板

对于制作回转体来讲，只需制作一块具有对半形开槽的模板即可，模板的负形凹槽面需要制作精确，然后把型板的中心与为轴的铁丝靠紧。

如图 3-10 所示，在一块薄木板上划刻出回转体的对半形负形开槽，凹槽面需要制作精确，如图 3-11，图 3-12 所示。

如图 3-13、图 3-14 将制作成的负形模板固定在箱子上，使模板的中线一边和凹槽上曲轴互相平行，用游标卡尺和角尺检查模板内槽与轴心的距离和垂直度。这个过程非常重要，因为轴心与模板内槽缘的距离是将要成型的回转体的半径。所以任何尺寸的变化，都会改变回转体的半径和成型形态。

如图 3-15 、图 3-16 在曲轴的中部缠绕上细麻丝，并将曲轴固定在木箱的轴承上作顺时针旋转，在轴的中部将细麻丝缠绕成球状，麻丝球

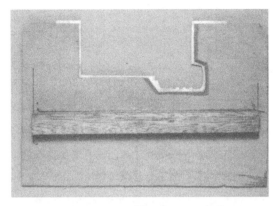

图 3-10　薄木板制成的对半形负形模板

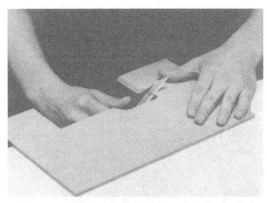

图 3-11　用刀精细修整负形模板

图 3-12　在模板上依照负形,贴上一层薄塑料片

图 3-13　使模板与轴成垂直状态

图 3-14　用卡尺校正半径尺寸

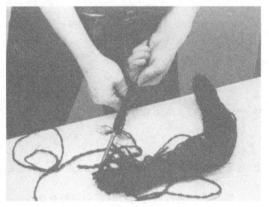

图 3-15　在轴上缠绕麻丝

的直径应小于模板内缘,这个距离是将要成型的石膏体的壁厚。

在图 3-17 中把缠绕好的麻丝球放到火上,将表层不规则和多余的细麻丝烧掉。

(3) 调制石膏

按照前述的方法调制石膏,石膏浆不要太稀或太稠;调制石膏浆时

图 3-16　麻丝的厚度不超过模板的半径

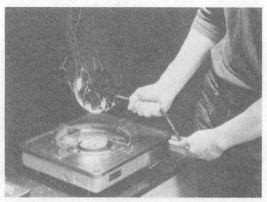

图 3-17　在火上烧烤，去掉表面多余的麻丝

要少量分多次调制，以备多次浇注之用。

（4）浇注回转体

把已调好的石膏浆慢慢浇注在能够挂住石膏浆的线团上，浇注的同时要慢慢转动铁丝手柄，使线团能挂住石膏浆，每浇注完一次，就需停顿片刻。这样反复多次后，直到使旋转的模板在旋转过程中将多余的石膏刮除，采用这样的方法，可以得到一个非常精细的回转体，如图 3-18～图 3-27 所示。

图 3-18　将已调好的石膏浆向能够挂住石膏浆的线团上慢慢浇注

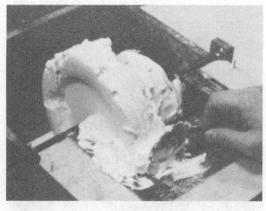

图 3-19　在浇注石膏的同时要慢慢转动铁丝手柄，使线团能挂住石膏浆，每浇注完一次，就需停顿片刻。这样反复多次后，每次石膏就增加一定的厚度，直到旋转的石膏能被靠在一边的模板将多余的石膏慢慢刮除。由于石膏在浇注的过程中分布的不均匀，这时应一边旋转一边用刮刀将刮余的石膏涂抹在形体的不足之处，使形体随着旋转刮除而逐渐完整

图 3-20　伴随旋转刮除过程，石膏也逐渐凝固。此时一个回转体也初步成型，但表面仍然较为粗糙

图 3-21　应做进一步的表面修整，先清除模板上刮余的石膏

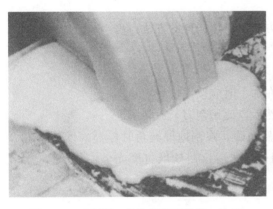

图 3-22　重新调一些较稀的石膏浆，放置在模板和石膏体之间，慢慢转动石膏体，使石膏浆刮涂到石膏体上，随着石膏的固化，一个表面精美的回转体就制成了

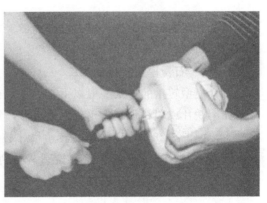

图 3-23　等石膏凝固后，取下石膏体

图 3-24　将轴做逆时针旋转，松开轴，取出麻线

图 3-25　用刀切除多余的石膏部分

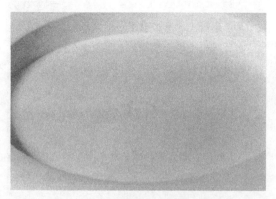

图 3-26  用石膏填补转轴留下的孔

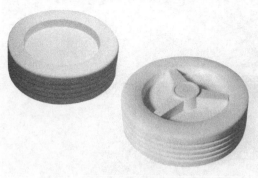

图 3-27  配上用其他成型方法制作的
细节，一个精美的回转体就制作完成

以上介绍的是用旋转成型对石膏的加工方法，采用同样的方法，也可以制作碗、花瓶等其他回转体的模型。

### 3.3.5  石膏模型转角的加工

石膏模型转角的加工一般以手工为主，在加工时应按照模型转角尺寸，先用铁片或塑料片制作出正形或负形，然后以此用刮刀来对转角进行加工，如图 3-28。这样制成的转角尺寸必然精确。在刮内外转角时，必须用力均匀，逐步刮修，力求轮廓清晰到位，然后再用砂纸打磨光滑，如图 3-29。

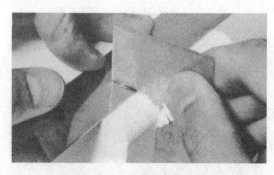

图 3-28  用铁片或塑料片制作出负形，
然后以此用刮刀来对转角进行加工

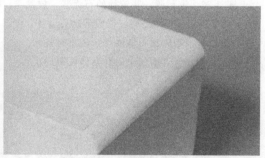

图 3-29  经过刮修，砂纸打
磨后的转角

图 3-30、图 3-31 为制作内转角的过程，将两块成型的石膏块用石膏浆粘接后，在内角处放上一些石膏浆再用铁片或塑料片制作出正形，并以此用刮刀来对转角进行加工。在刮修内转角时，必须用力均匀，逐步刮修。

制作完成后的内转角如图 3-32 所示。

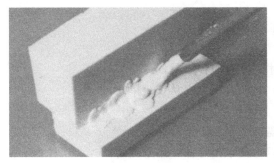

图 3-30　粘接两块成型的石膏块

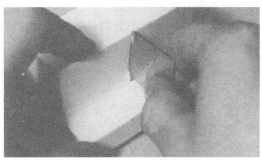

图 3-31　用型板刮修内转角，用力要均匀

图 3-32　制作完成后的内转角

## 3.4　石膏模具的设计与翻制

用石膏翻制模型是保留模型某阶段形态的有效手段，这就涉及到产品模型的复制技术。模型的复制是怎样进行的呢？

复制一件模型涉及到两个部分：模具的制作与母体的复制。

模具既是一种制作模型的模范与规矩，也是一种样板，一种标准。模具实际上反映了所要复制的模型应该遵守形体变化规律，形态所要到达的标准。学习模具的翻制，最终的目的就是要再造母体。

要再造母体，就必须在泥模的母体之上产生模具。依据母体泥胚制作出阴性的模具来，然后再根据阴性模具复制母体。

纵观原型塑造的全过程时，可以体会到蕴涵在模型制作过程中的设计因素，不仅仅是在进行产品形态的塑造，也是对产品结构的设计进行思考和产品模具的制造工艺进行探索。

一旦母体泥胚的原型塑造完成之后，选择分型面，分离模型的步骤与方案已酝酿成熟，即可进行模具的制作工作，其步骤和方法如下。

### 3.4.1　修整原型

任何塑造好的模型母体，必须加以适当的技术处理，如清除体表浮泥杂物、检查和填补可能出现的裂缝、间隙，使母体保持一定湿度等等。由于这些细节与翻成的模具内壁光洁度、表面规整性相关，因此还会影响到模具翻制的质量。

下面以翻制泥模型为例，介绍模具的翻制技术。

### 3.4.2 单一模具的翻制

制模是每一位设计者必须掌握的一门技术，学会制作简易模，就可以将泥模型按原样翻制出来，便于长期保存，这一过程可以从较简单的"死模"入手，并逐步学会较复杂的"活模"翻制技能。

单一模具又称死模具。由于单一模只需一个模具，不存在分型面的问题，但要求母体是柔软的可塑性材料，以方便取出母体，用于翻制"活模"的母体泥胚一般会被破坏，而且只能复制一件作品。

值得强调的是：制作模具与复制母体的石膏颜色应区别开来，一般模具采用灰色，复制品采用白色，这样有利于在翻制模型时进行区别。翻制石膏模具与复制的作品，忌用红、紫等颜色，因为这些颜色的渗透力比较强，会对后续的表面涂饰带来麻烦。

（1）调配石膏浆

在翻制模型时，选择强度高的熟石膏粉，先调一点（约一汤勺）放在工作台上，待凝固后，检查一下石膏硬度，以防石膏粉因存放时间过长，过期失效影响翻制。一般从化工商店或工厂买来的石膏粉，由于质量不同，应先试验一下强度，再使用。

石膏粉与水的比例无精确标准，正确的调合方法是：先在容器里倒入一定量的水，然后用手或勺子取石膏粉，均匀地撒放到水里，待石膏粉与水持平时，振动容器，使石膏粉浸透水分，再将表面多余的浮水倒掉，即可搅拌。调合石膏浆时注意不要先将石膏粉放入容器中再加水，这样会产生石膏团块而影响制模质量。

（2）筑模围和浇铸石膏

筑模围是根据模型的形态在模型的四周筑上模围，模围的材料可选用薄木板、玻璃板、塑料板或泥土等材料。模围的高度应根据模型的形态和所需翻制的厚度而定，同时必须对模围的四周进行加固。筑围工作完成后，就可以进行浇铸石膏。

（3）浇注石膏浆

在往泥模型上浇注第一层石膏浆前，可在石膏内放入少许蓝色水粉颜料，使石膏浆略带蓝色，以便以后脱模时区别内模的白色，避免开模时损伤内模形体。

在浇铸时还要注意，模型高点的石膏浆要与其他部位差不多厚，正常厚度为1.5cm左右，如果模型的体积较大，应在模型易断裂部位用小木棍或铁丝进行加固，模口部位也要加厚点，这样就能避免因模口太薄产生意外的断裂。

（4）脱模块

在正常情况下，石膏浆浇注后10～20min后开始凝固，待其表面有发热感时，就可以脱模了。先除去模围，将整个模块翻置，就可以挖掉模型泥土。

开始挖泥时可用铁制雕塑刀，一旦接近外模内壁时，应用木制雕塑刀小心谨慎地挖掉剩余的泥块，直至泥土全部挖完，然后将模块放入水池中用自来水冲洗，并用小号油漆刷将内壁刷洗干净。

（5）浇注内模（阳模）

先将模块置于工作台上，模口朝上，然后取洗衣服用的肥皂，将肥皂削成薄片放入小瓷盆里并加入少许的水，用煮沸的开水隔水烫化，呈浓的米汤状时即可作为脱模剂使用。用小号漆刷沾满皂液，涂于内模上。另外也可以用凡士林作为脱模剂涂于内模上。将内模整个涂刷一至两遍后，再用小号的油画笔将内模低凹处存积的皂液抹去，尤其是内模凹处的皂液一定要仔细地清除干净，以免影响翻制后阳模的形态。

脱模剂涂刷完毕之后，将模具底部朝上放稳，就可调和石膏浆，分几次浇注成型。

第一次调和的石膏浆可适当稀一点，便于流动到各个细部凹点之中。当石膏浆灌入模具内，用手捧起模具晃动，同时注视模内的石膏浆是否均匀地附着在模内壁上。以此法再作第二次和第三次的石膏浆浇注，直至达到一定的厚度即告完成。

（6）打去外模（阴模）

石膏浆浇注完毕约15～20min，石膏就会凝固发热，阴模与阳模间的隔离层会自然微微分离。此时打去外模最好。

先将模具竖立于工作台面上，再选择木工用的平口扁凿，斜口面朝外呈45°角，置于外模顶上，右手持短方木棒对着凿柄轻轻敲打外模，由此向周围逐步打去外模，打模一般从上到下，由后向前，先高点后低点，逐一打去外模。敲打时要边打边看，一旦出现了白色石膏层就要很小心地轻轻下刀，以防伤着里面的阳模。打到内模的精细部位时可以换小刀具，细心作业，尽量避免损伤形体，必须耐心按顺序地打去外模。

（7）修补石膏模型（阳模）

在打制外模的过程中，有时会碰伤石膏模型（阳模）或留下刀痕，甚至不慎将形体的某些部分打掉，所以要对翻制后的石膏模型进行整修。

对于石膏模型上的刀痕，可以用羊毫笔沾水加石膏粉进行修补，形体残缺部位可以用不锈钢餐刀或小雕塑刀挑石膏浆修补完整。为了使石膏模型的表面光滑平整，可以用水砂纸打磨，到此简易模型翻制过程就可结束了。

### 3.4.3 活模翻制技法

（1）分析模块

活模又称（分块模），是在已塑造好的母体上，翻制成既可拆散，又能组装的石膏模具。用分块模能够重复多次地翻制对象，所以对模型的分块要求也高，对于初学者可以先从造型简单一点的模型开始，随着实践经验的积累和技能的提高，就可以较熟练地掌握较为复杂的分块模方法。

对于分块模，首先应分析研究对象的形体结构，并设想好总体要分的模块数，模块与模块之间怎样咬合，先取哪一块，后取哪一块等要事先考虑好，然后才可以动手制作。

在此期间，可以先用铅笔淡淡地在模型上画分块线，看看是否合理。也就是说，模块要根据模型的形态结构去合理分块，要做到这一点就必须懂得分块的要领。

① 分块能大则大，模块能少则少，既能取下又不"咬模"，更不能损坏原作。

② 模块的分线要设在形体的高点部位和形体转折部位，这样便于制作模块和取模。

③ 每划分一块模块，都要考虑到周围几块模型之间怎样咬合，使模块与模块相互之间的衔接既吻合又牢固，加上模套捆扎之后，模块就不会松动。

（2）模块的制作方法

翻制活模块比较复杂，翻制时一定要有耐心，要边做边琢磨，才能有效地提高模具的翻制质量。

制块模一般从下面开始往上面做，然后做两侧，最后再处理中间，此外每一部分形体都是先做低凹处之后再做凸起部位。

制模时先用画笔浸满肥皂水涂于模型的拟翻处，作为脱模剂，再用笔将多余的肥皂水吸净。用扁泥条或薄塑料插片顺拟翻处的分模线依形围一圈，做成高约 2～3cm 的隔围。

为加强块模的强度，有时需要在石膏粉中掺入适量的 400～500 号水泥，大约一脸盆石膏粉，放入两饭勺左右的水泥，调合时一定要搅拌均匀。翻制块模时可以按比例调合适量的石膏浆浇入待翻制的模块泥圈中，厚度约 2～3cm 之间。较大的模块在形体凹部，为取模方便，可在石膏浆半凝固时，镶入 8 号铁丝弯制的"V"形拉环，同时加入少量麻丝来加强模块的强度，但不能露于模块表面以影响后续的修模和开榫口。

模块凝固后拆去隔围，用刀修平模块表面和四周的断面，断面的斜坡度和榫口根据需要酌情处理。

翻制其他模块时，凡与前一块相连接处就不需要再做隔围了。切勿不合理地将两块模片强制性地翻制成一块，这样会影响制模质量。按上述方法依次翻制成另外几面的模块，整个分块模具就结束了。模具制成后，应用水冲洗干净，对于模具内壁的缺陷应加以细心修复，然后用绳将其捆扎牢固，放在通风的地方阴干，保养。

### 3.4.4　石膏内模型的浇注方法

石膏内模型的浇制成型过程比较容易掌握。翻制前将每一块模块都涂上较浓的肥皂液，作为脱模剂，稍等片刻，即可轻轻揩去多余的肥皂液，然后再将模块按起模顺序依次拼合，将拼合的模具捆扎牢固，成为一个整体，此时就可以浇注石膏浆了。

浇注时按以下步骤进行。

① 调合适量的石膏浆，顺模具的注浆口一侧缓缓倒入，倒入动作切不可太急以避免石膏在模内产生气泡，而影响模具质量。

② 双手捧着模具摇晃转动，使石膏浆从底部呈螺旋状流淌滚动至模口，将多余的石膏浆倒出，这样模内每一部位都能较均匀地附着一层石膏浆。照此方法再灌 2～3 次，内模石膏模型就可达 1～1.5cm 的厚度。

③ 启开模块取出石膏模型仍然要按模块的拼接顺序一一取模。如有的模块因故不太容易取下，可以用铲刀木柄轻轻敲出，使之松动，即可取下。

石膏模型取出后用铲刀修去分模线。至此，一件完整的石膏模型就浇注成型了。

④ 翻制石膏模型易于出现如下若干问题。

a. 石膏模型的表面出现沙孔。这是因为模具太干燥，吸水性太强所至，因此浇注前要将模具浸透肥皂水，即可消除沙孔。

b. 分模线处出现裂纹或错位。是因为模块捆扎不紧产生松动所至。

c. 模型的表面有皱纹状纹理。是因为第一层石膏浆太稀，附着力差的原因引起。

d. 模内隔离剂涂得过厚，会造成石膏模型表面无光泽，且不平滑。

e. 模型的局部有疤痕。是因为模块内壁有些部分未涂上肥皂水，石膏浆与模块的内模壁紧紧粘牢，取模时被模块带掉。

f. 第一层石膏浆过干，会导致石膏模型的细节、转折之处等部位出现大气孔，可用雕塑刀调些石膏浆进行修补。

以上简略介绍了分块模具的翻制过程和翻制的方法，很多问题还有待于在制作的实践中加以体会和逐步吸取经验。

### 3.4.5　石膏模型的翻制过程案例

（1）翻制步骤

① 选择强度高的优质石膏粉。

② 调和石膏浆用的容器，瓷盆或碗。

③ 修模工具：扁平口铲刀，斜口刀。

④ 肥皂、毛巾、油漆刷（中、小号）、羊毫笔、塑料或木隔板。

（2）制作过程

如图 3-33～图 3-66 所示。

图 3-33　待翻制的泥模原型（电熨斗）

图 3-34　将泥模横置，底部与工作台面垂直，用泥将模型垫平

图 3-35　以电熨斗的中心线为准，将以下部分用泥添实并用泥刀沿模型边缘修平，留出 1.5cm 左右的泥边

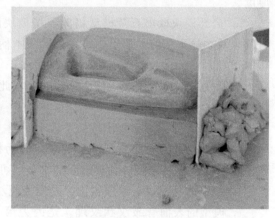

图 3-36　用薄木板或塑料板筑围，用泥固定围的四周以防坍塌

图 3-37　沿着泥边四周用薄木板或塑料板筑围，围的高度应比所要翻制的拟模型高出 2cm 左右，如图 3-36、图 3-37

图 3-38　取一个瓷盆置入适量清水

图 3-39　均匀地放入石膏粉

图 3-40　石膏粉与水基本持平

图 3-41　细心搅拌

图 3-42　将搅拌好的石膏浆浇注到模
具内，浇注时应将石膏浆从模型的高
点往下浇，使石膏浆从高处慢慢往
下流，充满模型的各凹陷部分

图 3-43　当石膏浇注到 1～2cm 厚
度时即可完成

图 3-44　大约过 15～20 min 等石膏
发热凝固后，即可拆除围栏

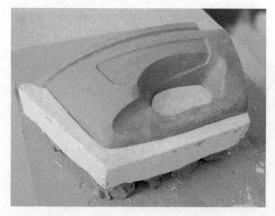

图 3-45　将整个模具翻转，使石膏模的一面置工作台面上，去掉泥垫层露出泥模原型

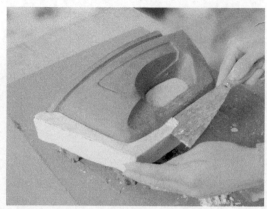

图 3-46　用铲刀将石膏模的边缘修平

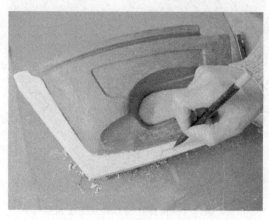

图 3-47　在石膏模具的外侧边缘刻上两个楔形的凹槽

图 3-48　深度大约 5mm 左右作为榫槽

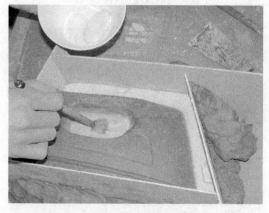

图 3-49　再次将围栏围起来，用泥固定好四周以防坍塌，用毛笔醮上浓肥皂液刷涂石膏模具 2～3 遍，使石膏模具都涂上肥皂液，不可遗漏

图 3-50　调石膏重复图 3-42 的过程，浇注另一块模具

图 3-51　根据以上的方法浇注电熨斗
的后背一块模具，等石膏完全凝固后，
就可拆去所有的围栏，到此石膏模
具的浇注过程就完全结束

图 3-52　对模具的表面稍做修整，
用泥塑刀插入两块模之间，
轻轻将两块模撬开

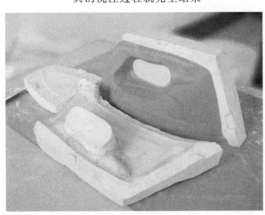

图 3-53　分开一边的模具

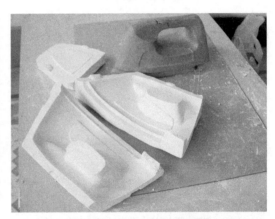

图 3-54　完全分开的模具

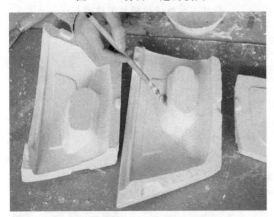

图 3-55　对分开后的模具应仔细检查，
对于在翻模过程中出现的瑕疵如气
孔、可用石膏浆进行修补

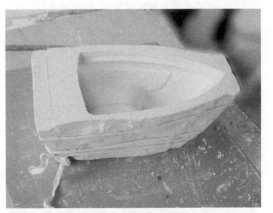

图 3-56　等修补的气孔干后，再用
砂纸磨光表面，然后用清水将模具冲洗
干净，在模具上涂抹上浓肥皂液，将
模具拼合，用绳带将模具捆扎牢固，
即可进行复制母体的浇注

图 3-57　分 2～3 次调制石膏来复制母体，
在第一次调制石膏时，应掌握在
石膏浆尚处于较稀的状态时就
进行第一遍的浇注

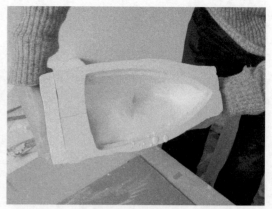

图 3-58　双手捧着模具摇晃转动。使
石膏浆从底部呈螺旋状流淌滚动至模
口，将多余的石膏浆倒出，这样模具内
每一部位都能较均匀地附着一层石膏浆

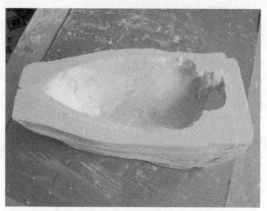

图 3-59　照此方法再浇注 2～3 次，内
模石膏模型就可达 1～1.5cm 厚度

图 3-60　如果要取得一个实心的石膏
母体，可继续往模具里注满石膏，
浇注时应使石膏浆略高于模具

图 3-61　趁石膏尚未完全凝固时，用
铲刀刮除底部多余的石膏，至此石膏
母体的浇注过程就全部结束

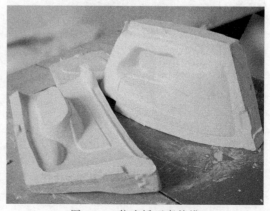

图 3-62　依次撬石膏外模

图 3-63　取出浇注好的石膏母体

图 3-64　用木制雕塑刀对浇注好的石膏母体的模缝进行修整，如果在调制石膏浆的过程中气泡排不干净，成型后的石膏母体表面就可能出现小气孔。在石膏模型完成后，表面的小气孔可用石膏浆进行修补，等修补的气孔干后，再用砂纸打磨表面

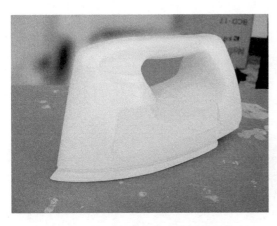

图 3-65　经过打磨修整后的石膏母体

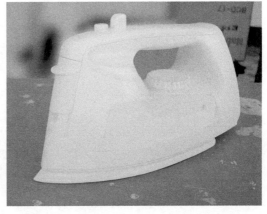

图 3-66　在表面修整后的石膏母体上做进一步的细节刻划，装上用其他方法成型的零件，至此这件电熨斗石膏模型就全部完成

## 3.5　石膏模型的表面处理

　　在石膏模型形体加工完成后，可对石膏模型的表面进行着色处理，但着色必须等石膏模型完全干透后才能进行。色彩可根据不同的需要选用水粉颜色、油漆或自喷漆的颜色来进行搭配处理。

　　在着色前，首先要对形体上的缺陷进行修补，然后用砂纸把表面打磨光滑。上色之前应先上 2～3 遍虫胶清漆为底漆，最后再喷涂上所需要的油漆或颜色（可参见本书模型表面处理章节）。

　　以上介绍的是石膏模型的几种常用的成型技法和步骤，成型的技法还有多种，不同的产品形态要求采用不同的方法进行制作，对不同的成型方法应举一反三，总结经验，不断创新，这样才能在模型的制作过程中体验到创造的快乐。

# 第4章

# 树脂模型制作技法

- 树脂模型概述
- 树脂材料的调制
- 树脂模型制作方法
- 树脂模型制作步骤

## 4.1 树脂模型概述

由玻璃纤维及其织物（如玻璃纤维布、玻璃纤维丝、玻璃纤维带等）与合成树脂（环氧树脂，不饱和聚酯树脂、酚醛树脂等）复合而成的材料被称作玻璃纤维增强塑料（俗称玻璃钢）。分热塑性玻璃钢和热固性玻璃钢两种。

### 4.1.1 热塑性玻璃钢

热塑性玻璃钢是以玻璃纤维为增强剂和以热塑性树脂为黏结剂制成的复合材料。制作玻璃纤维的玻璃主要是二氧化硅和其他氧化物的熔体。玻璃纤维的比强度和比模量高，耐高温、化学稳定性好，电绝缘性能也较好。用作粘接材料的热塑性树脂有尼龙、聚碳酸酯、聚烯烃类、聚苯乙烯类、热塑性聚酯等，其中以尼龙的增强效果最为显著。

热塑性玻璃钢同热塑性塑料相比，基体材料相同时，强度和疲劳性能可提高2~3倍以上，冲击韧性提高2~4倍（与脆性塑料比），蠕变抗力提高2~5倍，达到或超过了某些金属的强度。例如，40%玻璃纤维增强尼龙的强度超过了铝合金而接近于镁合金的强度。因此，可以用来取代这些金属。

### 4.1.2 热固性玻璃钢

热固性玻璃钢是以玻璃纤维为增强剂和以热固性树脂为黏结剂制成的复合材料。通常将热固性玻璃简称玻璃钢。热固性树脂常用的为酚醛树脂、环氧树脂、不饱和聚酯树脂和有机硅树脂等四种。酚醛树脂出现最早，环氧树脂性能较好，应用较普遍。

热固性玻璃钢主要有以下特点。

（1）有高的比强度。

（2）具有良好的电绝缘性和绝热性。

（3）腐蚀性化学介质都具有稳定性。

（4）根据需要可制成半透明或特别的保护色和辨别色。

（5）能承受超高温的短时作用。

（6）方便制成任意曲面形状、不同厚度和非常复杂的形状。

（7）具有防磁、透过微波等特殊性能。

但玻璃钢的不足之处也较明显。主要是弹性模量和比模量低，只有结构钢的 1/5～1/10。刚性较差。由于受有机树脂耐热性的限制，在长期平衡受热结构中，目前一般还只在 300℃以下使用。

玻璃钢是用纤维或布作增强材料，所以它有明显的方向性，玻璃钢的层间强度较低，而沿玻璃钢经方向的强度高。在同一玻璃钢布的平面上，经向的强度高于纬向强度，沿 45°方向的强度最低，因此玻璃钢是一种各向异性材料。此外还有易老化和产生蠕变等缺点。

玻璃钢的重量轻，只相当于钢的 1/4～1/5，比金属铝材还轻，其机械强度是塑料中最高的，某些性能已达到普通钢的水平，这主要是由于合成树脂（以环氧树脂为例）对各种物质具有优异的粘接性能。

环氧树脂为热固性塑料，本身不能固化，必须加入固化剂（一般使用胺类固化剂）后才能形成交联结构的固化物。

凝固后的环氧树脂具有较高的粘接强度，固化时收缩性小，其收缩率为 0.5%～1.5%且不易变形。不足之处是相对制作成本高，某些固化剂有一定毒性，难于修改、打磨、修整，制作工艺繁琐。

树脂模型与石膏模型一样，也是作为模具制作与复制母体模型的一种常用方法和手段。

树脂模型由于机械强度高，耐冲击，固化性能稳定，耐潮湿，防水，可以放置于室外，所以大多用来设计和制作定型的大型的产品模型。例如用树脂来翻制城市雕塑、制作汽车模型、建造船体。树脂一般不适合于制作精确的、小体量的模型。

## 4.2 树脂材料的调制

树脂模型的材料是以合成树脂为基料（如环氧树脂、聚酯树脂），配上催化剂、固化剂（过氧化环乙酮）调和而成的。在环氧树脂或聚酯树脂中加入催化剂按照 1%～3%的比例进行调配，调成胶状液体既可使用。调制而成的胶状液体为淡黄、带黏稠性、自身不凝结的液体，然后在加入固化剂——过氧化环乙酮后，即可固化。

值得注意的是

① 在合成树脂中加入催化剂与固化剂的先后顺序为：先加催化剂；后加固化剂。

② 人们是通过加入固化剂的量来控制树脂的固化时间的。加入固化剂的量大，凝固速度快，易成型。反之，加入固化剂的量小，凝固速度慢，不易成型。由于加入固化剂后，产生化学反应而发热，会产生收缩和变形，因此固化剂的用量要适量。

在调制搅拌树脂的过程中会产生许多小气泡，这是很麻烦的一件事。气泡的产生，将在固化后的树脂表面产生许多不必要的空洞。工业生产中经常采用真空机来抽出空气。所以在手工操作搅拌树脂时就需要格外小心，尽量避免气泡的产生。

在树脂中加入一定量的填充材料，可以改变树脂的密度和颜色，还可以产生特殊的肌理，树脂模型的颜色可以得到改变。当加入滑石粉和钛白粉，树脂的颜色可变为与石膏相近的不透明白色，易于表面涂饰。

由于树脂的高强度低韧性，所以在翻制空心的树脂模型时，可以通过使用玻璃纤维丝或玻璃纤维布来强化树脂的韧性，以改良其品质。

## 4.3  树脂模型制作方法

### 4.3.1  制作胎模

在产品泥模型塑造成型后，在泥模型表面涂刷一至二遍脱模剂，形成隔离层，浇注石膏浆，凝固脱模后，得到翻制树脂模型的母模模具（阴模），又称胎模。（参阅本书第三章石膏模具的设计与翻制）

### 4.3.2  调制树脂

将一定量的树脂倒入调制容器内（容器最好选择塑料制品），先加入一定量的催化剂，慢慢地搅拌均匀，备用。使用时再加入一定量的固化剂，均匀搅拌后即可使用。应该注意的是：树脂加入催化剂和固化剂后在短时间内会迅速发热凝固，所以应随调随用。

### 4.3.3  刷裱玻璃纤维

在刷裱树脂之前，应该对模具进行再次检查，清除杂物，然后在模具上刷涂二至三遍的脱模剂，（可选用医用凡士林作为脱模剂或工业用石蜡）。

将调制好的树脂，用毛刷往胎模表面涂刷1～2遍后，就可以往胎模上刷裱玻璃纤维布，然后再往玻璃纤维布上刷涂1～2遍树脂溶液，再往上刷裱玻璃纤维布，多次反复，直到所需要的厚度为止。其厚度应根据模型的体量需要来确定，一般情况下为2～3mm左右。模型越大，所需厚度就越厚。

在刷裱玻璃纤维时应注意，要使刷裱的玻璃纤维层与层之间紧贴，刷裱要均匀，不留死角，否则会产生分层脱离现象，产生不必要的缺陷，也会使模型强度降低。

### 4.3.4  脱模修整

当模型刷裱操作完成之后，应放在通风干燥处，让其自行固化，约24h后，脱去石膏胎模，便可得到完整的玻璃钢模型。

玻璃钢模型成型后应仔细地清理模型表面的石膏残渣，用工具修整边角、联结处和模缝的部分，用不同的工具，进行打磨，抛光表面，以备后续进行模型表面的涂饰。

树脂模型的修补，应采用树脂与填充料如石粉混合而成作为腻子来填补气孔、小裂缝、小凹坑，修补平面、接缝。

利用树脂的材料属性，可以制作出强度高、韧性好、重量轻、表面光洁度高的模型，尤其对于较大体量、体态变化大的产品模型制作，树脂材料无疑是良好的材料。

## 4.4　树脂模型制作步骤

### 4.4.1　制作前需要准备的材料

① 合成树脂（如环氧树脂、聚酯树脂），催化剂（萘酸钴）

② 固化剂（过氧化环乙酮）

③ 玻璃纤维布

④ 滑石粉

⑤ 毛刷

⑥ 剪刀

⑦ 玻璃板

⑧ 小灰刀

⑨ 天平称

### 4.4.2　制作过程

如图 4-1～图 4-17 所示。

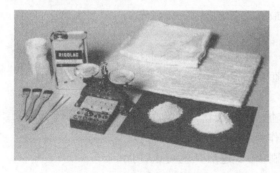

图 4-1　制作前的准备材料

图 4-2　在滑石粉中加入一定量的合成树脂，用调灰刀将树脂与滑石粉调拌，再加入催化剂拌均匀

图 4-3　在翻制好的模具上刷上一层石蜡脱模剂作为隔离层，在调拌好的树脂中加入1%～3%比例的固化剂，并迅速搅拌均匀

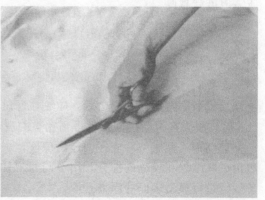

图 4-4　用剪刀将玻璃纤维布剪开，并剪成小方块

图 4-5  等模具上的树脂固化后就
可以粘裱上玻璃纤维布

图 4-6  用毛刷粘上调好的树脂均匀地在
模具上再刷上一遍

图 4-7  在尚未固化的树脂上迅速均匀地
贴上玻璃纤维布，应一边贴一边用毛刷粘上
树脂刷匀，根据模型的体积，一般小产品刷
裱二层纤维布，厚度在 2mm 左右就足够了

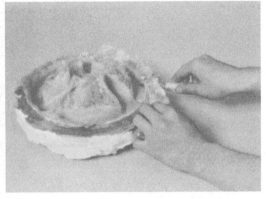

图 4-8  当刷裱在模具上的树脂尚未
完全固化时，用锋利的刀沿着模具的边
沿，将多余的树脂纤维布整齐的切除

图 4-9  当模具刷裱上树脂和玻璃纤维
布的操作完成之后，应将其放在
通风干燥处，让其自行固化

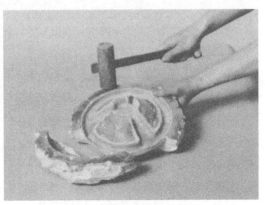

图 4-10  大约经过 24h
后，脱去石膏胎模

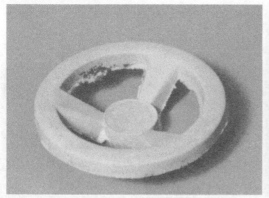

图 4-11 可得到完整的玻璃钢模型

图 4-12 在模型上用笔精确的
画上需打孔的位置

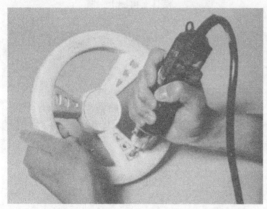

图 4-13 用电钻在模型需打孔的位
置上预先打上孔，电钻所打的孔应
比实际需要的孔稍小一点，然
后用钢锉刀进行修整

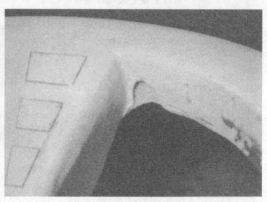

图 4-14 由于在翻模的过程中，有时
会因某些原因导致模型的转角或
某些细部缺陷，必须进行修补

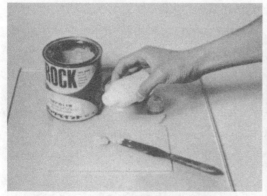

图 4-15 对于模型的转角或某些细部的
缺陷，可以用苯乙烯腻子进行的修补。
苯乙烯腻子为双组分（苯乙烯和固
化剂）快干腻子，质地细腻，无砂眼、
气孔，干燥后坚硬易磨

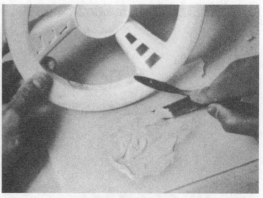

图 4-16 刮具有硬刮具（由硬
质塑料板、钢片等制成），
软刮具（由耐油橡胶制成）

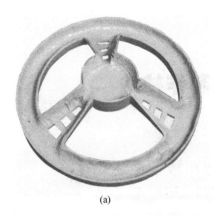
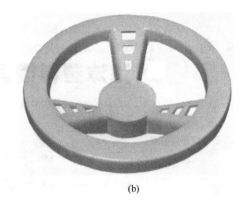

(a)　　　　　　　　　　　　　　　(b)

图 4-17　完成后的树脂模型

　　把苯乙烯与固化剂按重量比 100：2 混合调匀后即可涂刮，9～12min 后即可干硬，1h 后即可打磨。

　　腻子的刮涂以薄刮为主，每刮涂一遍待干，用砂纸打磨后再刮涂，再打磨，直至符合喷涂要求即可。

## 第5章 泡沫塑料模型制作技法

- 泡沫塑料模型概述
- 泡沫塑料及加工工具
- 泡沫塑料模型的制作技法
- 泡沫塑料模型的制作案例

### 5.1 泡沫塑料模型概述

前面已经介绍了泥模型、石膏模型、树脂模型的成型方法。本章将介绍利用发泡塑料材料，经过裁切、切削、涂饰等方法制作产品模型的方法。

与其他多数制作模型的材料相比，泡沫塑料最大的优点是易于切削，用来制作模型的速度快。不过由于泡沫塑料质地松，密度低，装饰后的表面美感远不如其他材料的那样好。

所有的泡沫塑料都是多孔的，这样的表面其整饰效果较差。但在设计的快速构思、方案推敲阶段，采用泡沫塑料来制作模型不失为好的选择。

### 5.2 泡沫塑料及加工工具

#### 5.2.1 泡沫塑料

泡沫塑料是由塑料颗粒，利用物理方法加热发泡；或利用化学的方法，使塑料膨胀发泡而成的塑料制品。

常用的泡沫塑料分为发泡PS（聚苯乙烯）和发泡PU（聚氨基甲酸酯）两种。

（1）发泡PS

发泡PS俗称保丽龙，是将预膨胀的PS小颗粒球放在型腔内加热膨胀，融合挤压而成为热塑性泡沫塑料，多用来做产品的包装，以起到减震防潮的作用。

用PS泡沫塑料来制作模型，由于质地的原因，其表面是由大小不同、凹凸不平的白色不透明颗粒组成，常见的材料形式多为板材。在制作具有复杂曲面造型、要求线型细致、断面较复杂的模型时，将会造成模型表面的不平整；对于表面平整光滑的小型曲面，使用此种材料不容易发挥出效果。但由于质地很轻，易刻划，搬运方便，成本又低廉，这种材料仍然被广泛地运用在较大型产品的模型制作中。

目前市面上供应的材料，大多为板材或块材两种，有各种规格可供选择，一般裁切成块状进行销售。

（2）膨胀聚苯乙烯（聚苯乙烯泡沫塑料）

这是一种价格最低、最易找到的一种材料；只适合制作粗糙的模型，如图 5-1 所示。

图 5-1　膨胀聚苯乙烯

（3）挤压聚苯乙烯

是一种比膨胀聚苯乙烯更紧凑均匀的泡沫塑料。有较精细的表面，其结构也更强一些。挤压聚苯乙烯是按防水隔热材料来开发的。

在模型制作中应选择高密度的泡沫塑料（最少在 $30kg/m^3$）；密度低于此值的很容易像面包屑那样粉碎。

（4）聚氨酯

是一种热固性树脂，其化学性质与聚苯乙烯的性质有很大的差别。聚氨酯较适用于精密的制作，比较不易变形，但更易碎裂，弹性也稍差。

应该选用高密度的聚氨酯材料（大约 $40kg/m^3$）。但这种材料在加工中，会产生刺激性的尘屑，因此在使用这种材料制作模型时应戴上口罩。聚氨酯多孔的表面，也应在上色前做前期处理。

（5）发泡 PU

选择泡沫塑料制作模型，最好选用一种结构细密、密度均匀的泡沫塑料。发泡 PU 塑料作为模型制作材料远远优于发泡 PS 材料。

发泡 PU 有软质与硬质之分，是利用树脂与发泡剂混合在容器中发生化学反应挤压而成，为热固性材料，可分为软质发泡和硬质发泡两大类。

软质发泡 PU 主要用来制作软垫、海绵等产品。

硬质发泡 PU 具有坚实的发泡结构，密度从 $0.02\sim0.80g/cm^3$，具有良好的加工性，不变形、不收缩，质轻耐热（$90\sim180℃$以上），是理想的模型制作材料，也可作为隔热、隔音的建筑材料。发泡 PU 又称为刚性泡沫塑料，如图 5-2 所示。

图 5-2　硬质聚亚氨酯发泡塑料

采用聚甲基丙烯酸制成的发泡 PU 材料，是泡沫塑料中质量最好、也是最贵的材料，是专为航天航空工业进行结构模型制作而应用的材料。这种材料强硬、紧凑、均匀，有相当的强度，有相当光滑的表面，加工容易，但价格非常昂贵。但对要求精度极高的模型制作来讲，仍是很好的选择。

### 5.2.2　工具

制作膨胀树脂模型的工具主要有两大类：切割工具和整饰工具。

（1）切割工具

切割工具主要用于切割出大体的模型形状，或形成初步的泡沫块体或泡沫片的外轮廓。不同的切割工具适用于对不同的泡沫塑料进行加工。

① 热丝切割器。热丝切割器利用电流流经电热丝产生的热量，局部地融化泡沫塑料。用于厚度为 12mm 左右的聚苯乙烯和聚甲基丙烯酸酯泡沫材料的加工．特别适用于膨胀聚苯乙烯、挤压聚苯乙烯的泡沫材料。

电热丝的温度可以根据要切割的泡沫塑料类型和密度进行精确调节。如果电热丝温度过高过热，切割道会太宽，不均匀。如果温度太低，在切割时使用的推力会使切割线变形，甚至断掉。所以在使用前应先用一块废料试切割一下。

用热丝切割器只供切割粗略的形状，不要用于模型将要整饰的表面。可按图 5-3 所示的样式制作出简单而有效的热丝切割机，注意要使用符合有关法规的电气部件。

② 手锯。用于切割厚度在 12mm 以上的聚氨酯和聚甲基丙烯酸的泡沫材料。应选择具有薄刃和齿形细密的手锯。

③ 钢锯条。特别适合切割坚硬的泡沫塑料（包括高密度的挤压聚苯乙烯）。由于多数种类的发泡塑料都相当容易切割，可使用锯条而不用弓形手锯，这样的锯条特别适合于锯有一定弧形轮廓的形体。

④ 刀。美工刀可用于切割厚度在 10mm 以下的硬发泡塑料以及厚度相似的泡沫塑料。

⑤ 剪刀。用于剪切各种软性的泡沫塑料，圆整它们的边缘。应选择直刃的、手把不对称的剪刀，以上工具如图 5-4 所示。

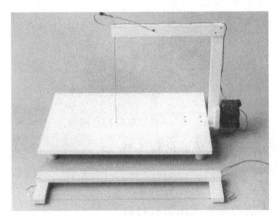

图 5-3　热丝切割器

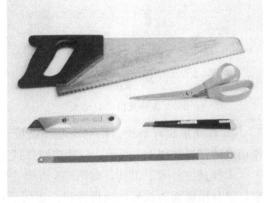

图 5-4　切割工具（从上到下）：手锯、剪刀、美工刀、锯条

（2）打磨和整饰工具

① 打磨块和打磨垫板。打磨块和打磨垫板是用来加工泡沫塑料的基本工具。泡沫塑料模型经过切割出大概的形状后，对模型边角和边缘的修整、开槽和在模型表面上进行细节雕刻，都应该使用对应形状的打磨块来进行。打磨块由砂纸用双面胶或黏结剂粘贴在木块上制成。

对于泡沫塑料材料、粗略形状的加工，应该使用 80～100 砂目的砂纸。而 200～400 目的细砂纸则适用于整饰表面，使整个模型更加均匀精细。砂纸要很小心平整的贴附在打磨棒或打磨块上，如有皱褶的话就会在打磨时破坏泡沫塑料的形体和表面。

② 打磨板。最小尺寸 300mm×300mm×20mm；用于对大面积的模型表面进行整饰，可在打磨时得到准确的、平滑的平面，如图 5-5 所示。

③ 打磨棒。需要 3 种规格。小的（25mm×75mm），中的（50mm

×100mm）和大的（50mm×200mm）。

小规格的打磨棒，可用于打磨模型的小半径的和小平面的部分；中规格、大规格的打磨棒可以用来打磨和修整模型的大面积表面，也可以用来制作圆柱的其他圆的形状，而且还可用于对特定的平面作整饰。

④ 圆棒和圆锥。可选用不同直径的木棒、玻璃或硬的塑料管、金属管，或由厚的纸张来制成特别的回转体，如图5-6所示。圆棒用于打磨泡沫塑料模型的孔和其他凹的圆弧形状，圆锥体主要用于扩孔。

图5-5　各种规格的打磨板

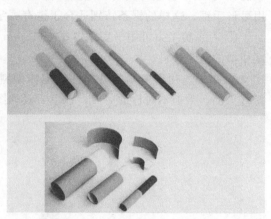

图5-6　各种规格的打磨圆棒

⑤ 特殊形状打磨块。由泡沫芯、纸板、轻质木块或成品的物体制作而成的凹棒如图5-7所示，以适应特殊的形状。

木锉是一种木工工具，如图5-8所示。锉身从手柄处至锉尖由宽渐窄，锉身横断面为弧形，锉齿锋利。适用于对木质模型和泡沫塑料材料的局部加工。

图5-7　特殊形状打磨块

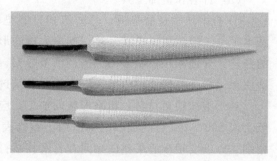

图5-8　木锉

### 5.2.3　量具

① 直尺　选择金属尺，而不要用木尺或塑料尺。

② 角尺　选用木工角尺或由金属制成的角尺，金属角尺重而耐用，如图5-9所示。

③ 卡钳。卡钳有内卡钳与外卡钳两种，如图 5-10 所示。内卡钳用

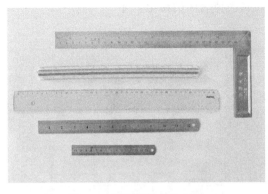

图 5-9　不同规格的金属尺

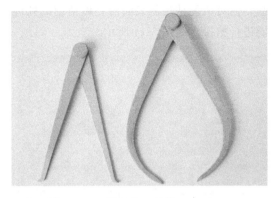

图 5-10　卡钳

于测量模型部件的内径、凹槽等；

外卡钳用于测量模型部件的外径和外平行面等。

④ 曲线板。对于模型上的曲线、圆等可使用曲线板来辅助放样和划线完成，如图 5-11 所示。

⑤ 圆规、分规。主要用于模型上的画圆、圆弧、等分角度、测量两点间距离以及找正圆心、量取尺寸等，如图 5-12 所示。

图 5-11　曲线板

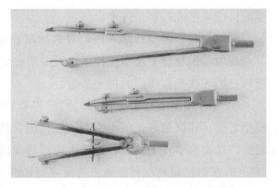

图 5-12　圆划规和针脚分规划规

### 5.2.4　黏结剂

① 胶水。通用的胶水，几乎可粘接所有的泡沫塑料（包括硬性的和软性的），聚苯乙烯泡沫塑料需要使用专门的配制，因为某些黏结剂会溶解腐蚀聚苯乙烯泡沫塑料。

② 喷胶。适用于所有的泡沫塑料，包括聚苯乙烯泡沫塑料。

③ 环氧树脂。可用于硬性和软性的泡沫塑料。比泡沫塑料本身要硬，因此使用时不要将胶涂到靠近形体边缘的地方。

④ 白胶。只适用于粘接厚度在 25mm 以下的低密度聚苯乙烯泡沫塑料。由于是水基的胶体，需要空气来干燥，因此厚于 25mm 的材料就难得到足够的干燥，所以要花很长的时间才能干固。以上黏结剂如图 5-13 所示。

⑤ 双面胶带。对于小型模型，双面胶带也可以成为黏结剂的代替品，但对所要粘接的表面需要做精细的处理，彻底去掉表面的粉尘，才能进行粘接。如图 5-14 所示。

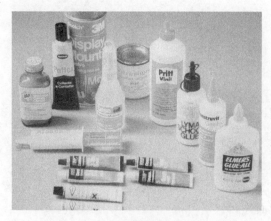

图 5-13　各种不同类型的黏结剂

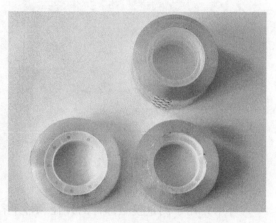

图 5-14　双面胶带

## 5.3　泡沫塑料模型的制作技法

泡沫塑料作为低密度的材料，它们相当容易进行操作，也很容易因手的失控切削或打磨得过度。

所以与其他模型材料不同，对泡沫塑料的加工需要有明确的计划，并在被加工的材料上绘制三视图。没有明确的计划就有可能因过度的切削和打磨无法把握所需的加工形态。

① 先在模型上画出三视图，然后进行描边。在开始加工泡沫塑料模型之前，建议最好先画出模型的三视图，然后按照三视图进行放样和划线，在发泡塑料上描绘，而后再进行后续的切割。

② 在泡沫塑料材料上画出各面视图形状后，即可以着手切割大型。切割的第一步是先从大块的泡沫塑料上切割出大型来（用锯子或热丝切割器），形成具有几何形状的棱柱体，形成模型的基本形体的尺寸与大体的形态关系。

③ 切割应避免徒手处理的泡沫塑料。作为低密度的材料，它们相当容易碎裂，同时也极为容易因用力切削或打磨过度而破坏形态。

**使用热丝切割**

使用热丝切割泡沫塑料，在切割前，最好先用其他废料试切割一下，体会压力、速度和温度因素对切割过程的影响。对电热丝的压力太大，会导致切割后材料的不规整。

切割速度与电热丝的温度成正比。如果速度太慢，温度过高，切割道会太宽而不均匀。应保持一致的切割速度，不要在切割过程中停顿，否则电热丝周围的材料会熔化而形成孔。

**使用板锯切割**

在切割泡沫塑料时，由于其厚度不同，切割时一定要使锯保持垂直。要根据描画在泡沫块的切割形状进行切割，保持被切割体的厚度均匀一致。

泡沫塑料最适合制作非几何形状的模型。切割和打磨可凭感觉进行，象雕刻家处理流畅的形状表面那样。虽然如此，在制作曲面和平面时，还应采取相应的方法。

（1）制作圆轮廓

如何能获得半径一致的圆是一个特殊的问题，解决的办法是借助模板的帮助。

在制作时应避免直接用板锯切割弧形的形态，板锯是平的，不容易按精确划痕切割。切割弧形时，可以围绕圆的边缘先做一系列直线切割，先切出多边形，然后用相应尺寸的打磨棒来进行圆整。制作过程如图 5-15～图 5-19 所示。

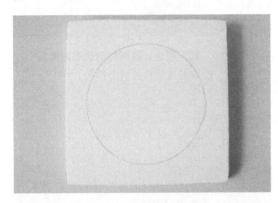

图 5-15 泡沫塑料上画上所需要直径的圆

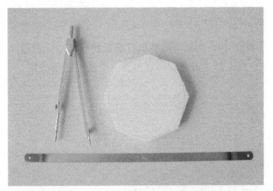

图 5-16 用钢锯片沿着圆外做直线切割，切去多余的材料

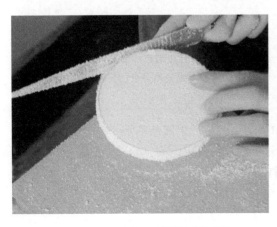

图 5-17 用木锉刀顺着圆边修圆

图 5-18 用砂纸打磨板精修圆边

（2）制作圆边角

首先对将要加工的材料进行修饰，使其尺寸精确，然后将两个相应的轮廓截面描绘到泡沫塑料的两个端面上，或是使用双面胶带将两个模板粘贴到泡沫块的两端。在两端的圆形上画切线，按切线切掉泡沫塑料。在没有切割到的部位再多画几条切线，按切线去掉多余的发泡塑料。然后用打磨棒来整圆边缘，不断地用对应的模板通过光线来检查形状的准确程度。表面可用300或400目的砂纸打光，制作过程如图5-20～图5-24所示。

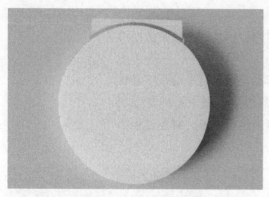

图 5-19 用弧形的砂纸打磨板精修圆边，通过
以上加工过程，即可得到一个造型精确的圆

图 5-20 制作圆边，将圆边的轮廓截面描
绘到泡沫塑料的两个端面上

图 5-21 按切线切除圆边外的泡沫材料

图 5-22 在没有切割到的部位再多画几条切线，
按切线去掉多余的发泡塑料

（3）制作平整的表面

如果打磨块在泡沫表面打磨时用力不均匀，结果就会产生凹凸不平的表面。要得到真正的平整的表面，可按以下三个原则进行。

① 使用尽可能大的打磨棒或面积较大的打磨板。

② 打磨的时候，在打磨棒通过材料中心时用力大一些，而在打磨到边缘时，用力轻一些。

③ 用尺子或角尺频繁测试表面的平整度。

图 5-23　用打磨棒整圆　　　　　图 5-24　用纸的模板反复检查圆边的形态

（4）胶粘

在给泡沫塑料上胶时不能将胶液涂在靠近两块材料的边缘。胶液与物体边缘的距离应与所粘的物体的大小成正比。如果把胶涂得太靠近材料的边缘，会因胶水干涸后比泡沫塑料坚硬，更耐砂纸打磨，而在以后对其表面进行打磨时，在两块材料之间会形成凸出的脊。出于同一个原因，也不要在以后需打磨的可见表面上涂胶。

（5）表面喷涂处理

泡沫塑料模型完成后，最好给整个模型简单地上个颜色，由于泡沫塑料多孔的材质特点，颜色最好采用喷涂的方法进行。

膨胀聚苯乙烯泡沫塑料只能涂饰水性的颜料，因为溶剂型的颜料会溶化聚苯乙烯材料，同时应使用无光泽的水性颜料来进行整饰。先用 300 或400 目的砂纸打磨整个需上色的表面，喷上一薄层的颜料，再打磨，但要非常轻，然后再喷涂。对模型的表面喷涂应进行多次而不要一次完成。

聚氨酯和聚甲基丙烯酸泡沫塑料可采用除乳剂颜料外的任意颜料上色，因乳剂颜料容易弄脏聚甲基丙烯酸。这两种泡沫塑料只需要打磨一次，然后根据需要进行多次喷涂。喷的涂层要薄，因为过于厚的涂层会因颜料填满表面细孔而产生不均匀的现象。

如果需要对模型不同的部分，采用不同的颜色进行装饰，不要采取预留或遮盖的方法，而要，先将这些部件进行分开喷涂，然后再组装到一起。

## 5.4　泡沫塑料模型的制作案例

下面以一个例子来说明发泡塑料模型的成型步骤。

### 5.4.1　准备工具

粗木锉刀、细木锉刀、钢锯片、美工刀、油性签字笔、400＃、200＃砂纸。

### 5.4.2　制作过程

如图 5-25～图 5-34 所示。

图 5-25 对材料进行初步加工，
对切割好的形体，磨平

图 5-26 在经加工磨平的材料上的各个面上
画出视图，用油性签字笔画出中心线，并根据
设计尺寸，画出对象的清晰轮廓

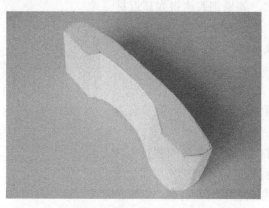

图 5-27 根据轮廓线，使用小型锯片，或用
切割器，切割模型的上、下两边的余料

图 5-28 在模型上划出中心线

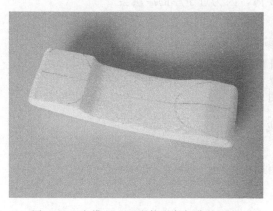

图 5-29 在模型上画出外形各部分的细节

图 5-30 使用木锉刀修整外形轮廓

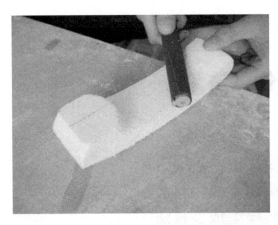

图 5-31　使用粗、细砂纸修整模型圆角

图 5-32　将圆棒包上砂纸进行研磨

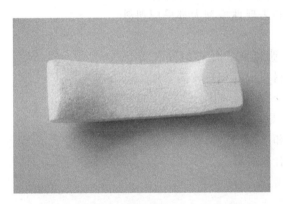

图 5-33　在大体完成的模型上，再用细砂
纸研磨、修整模型的细微部分

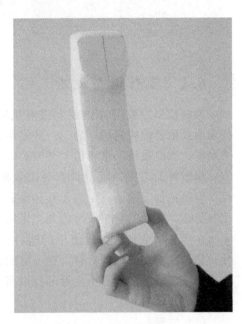

图 5-34　完成的作品

第6章

# 塑料模型制作技法

- 塑料模型概述
- 塑料模型的材料与加工工具
- 塑料模型成型技法
- 塑料模型成型案例

## 6.1 塑料模型概述

塑料模型一般用 ABS 材料或有机玻璃制作。塑料模型较适合对一些表面效果要求较高的产品。一些家用电器和表现性模型大都采用塑料来制作，如电视机、录音机、微波炉等。

用塑料加工成的模型具有表面效果好、强度高、保存时间长等特点。但塑料加工需要一定的工具和设备，且材料成本相对较高，加工也比较复杂。下面就塑料模型的加工做简要的介绍。

在产品模型制作中所使用的塑料材料，是指以合成树脂为主要成分，加入或不加入辅助材料，在一定的温度和压力下可以塑制成型，而且成型后在常温常压下不变形的有机高分子合成材料。

**塑料的性能**

（1）质轻

塑料一般重量都比较轻，密度在 $1\sim1.1g/cm^3$ 之间，个别品种可达 $2.2g/cm^3$（如聚四氟乙烯），而泡沫塑料的密度只 $0.01\sim0.5g/cm^3$。

（2）化学性能稳定

大部分塑料材料的耐化学腐蚀性都优于金属和木材，对一般酸碱及普通化学药品均有良好的抗腐蚀能力，且不易受日光中紫外线及气候变化的影响。

（3）具有良好的绝缘性

塑料材料中的高分子化合物内部没有自由电子和离子，所以一般塑料材料都具有优良的绝缘性。

（4）良好的成型加工性能

塑料材料质地细腻，具有适当的弹性及耐磨损性，容易加工，成型较快，可大批量生产。某些塑料品种还可进行机械加工，焊接及对表面进行电镀处理等。

但塑料耐热性差，导热性不好，一般只能在 100℃ 以下长期使用；强度不及金属材料，硬度较低，刚性差，易变形，胀缩系数大等。

以各种 ABS 工程塑料或有机玻璃制作成型的塑料模型，广泛的应用于现代产品模型制作中，也体现了塑料模型制作技艺在模型制作中所占有的重要地位。塑料模型在感观上能表达到接近产品的真实性，而且 ABS 工程塑料就是现代工业产品的用材，采用它制作出来的产品模型从外观效果来看与真实的产品没有区别，一旦装入机芯，便与真正的产品完全一致。塑料模型制作成了表现性产品设计外形的良好载体。

由于表现性模型对产品表面的装饰效果要求很高，需要充分展现产品设计的形态与色彩、表面肌理与质感。所以许多家用电器（如电视机、录音机、微波炉、手机等）的工作模型、展示模型大都采用塑料材料来制作。用塑料加工成型的模型具有表面效果好、强度高、视觉表现性好、保存时间长等特点，塑料模型适合于表现性模型的制作。

但塑料材料的加工成型需要一定的工具和设备，特别是在曲面的成型过程中，成型工艺比较复杂，并且材料成本较高，对模型制作人员的技术要求也较高。

塑料材料所具有的优点，通常是木材、金属、石膏、泡沫塑料等不可替代的。尤其在模型制作中选择一种材料的时候，必须反复考虑模型的尺寸，一旦材料选定，就要考虑用这种材料来获得所需产品尺寸的可行的制作工艺流程，模型所要表达的功能、结构；通过模型想要传递的设计要素，模型最终要表现的形态、色彩的效果，以及设计通过模型所要体现的最终的立体表达效果。

综合考虑以上的因素，塑料模型不失为最佳的模型表现形式。

下面章节将详细探讨塑料模型的成型过程。

## 6.2 塑料模型的材料与加工工具

在叙述塑料模型的成型过程之前，首先要介绍模型制作所用的材料与工具。

### 6.2.1 塑料材料的组成

一般的塑料可分为简单组分和多组分两类，也可称为简单塑料与复杂塑料。简单塑料基本以单一树脂为主，加入少量的着色剂、增塑剂等。如聚苯乙烯、聚甲基丙烯酸甲酯（有机玻璃）等。复杂塑料由多种组分组成，即除树脂外，还要加入填充剂、增塑剂、润滑剂、稳定剂、着色剂以及其他添加剂等，如酚醛塑料、聚氯乙烯等。现将塑料中各组分的作用简述如下。

（1）树脂

树脂是塑料中最基本的组分，约占塑料重量的 40%～100%。树脂起着粘接的作用，使塑料具有成型性能并决定着塑料的类型、主要性能与用途。

树脂一般为透明或半透明，固态、半固态或假固态的无定形有机高分子化合物。按其成分可分为天然树脂与合成树脂两种。

由于天然树脂（如松香、虫胶，天然沥青等）资源有限，性能也不够理想，远远不能满足要求，因此就出现了用人工方法合成的树脂。以低分子的有机化合物作原料，利用聚合、缩合等高分子合成方法制成与天然树脂相似并优于天然树脂的高分子化合物称为合成树脂，如聚乙烯，聚苯乙烯，聚酰胺（尼龙），酚醛树脂等。

（2）填充剂

填充剂又称填料，其用量一般为塑料重量的40%～70%。填料不仅能改善塑料的机械性能：耐磨性，耐热性、绝缘性以及减少成型收缩率等，而且还能降低成本。塑料的填料种类很多，常用的有机填料为棉纤维、纸、木粉等；无机填料为玻璃纤维、云母、石墨粉、滑石粉等材料。填料应易与树脂相溶，具有很好的黏附性且性能稳定、合成作用优异。

（3）增塑剂

增塑剂是提高塑料塑性的辅助添加剂，常用的是低分子量的有机酯类化合物，如邻苯二甲酸二丁酯、脂肪酸酯等。增塑剂加入塑料中不与树脂发生化学反应并能提高其弹性、可塑性、黏性、柔软性及耐高、低温性等。

（4）润滑剂

在塑料中加入润滑剂的主要目的是为了塑料制品脱模顺利及制品外观光滑。润滑剂根据其作用方式可分为内润滑剂与外润滑剂两种：内润滑剂溶于塑料中，起加速熔融，降低黏度，增加流动性的作用；外润滑剂的作用则是防止塑料熔体与金属模具之间的黏附，以利于成型。常用的润滑剂有硬脂酸及盐类。

（5）稳定剂

为防止塑料在加工与使用过程中因光、热、氧的作用，过早发生老化变质而加入的少量物质称为稳定剂。稳定剂应与树脂相溶而不发生化学变化，具有耐水、耐油、耐化学药品，成型时不分解等特性。稳定剂应根据要求选择使用。加以硬脂酸作稳定剂加入聚氯乙烯塑料中，使其在加热成型时不易分解；炭黑则可以吸收紫外线作为光稳定剂。

（6）着色剂

赋予塑料制品以色彩或特殊光学性质的物质称为着色剂。着色剂一般以颜料为主。着色剂要求色泽鲜明，性质稳定，不易变色，耐温耐光性强。常用的无机颜料有炭黑、二氧化碳、氧化铁、镉化物等；有机颜料有偶氮，酞青等系列。

（7）其他添加剂

为了使塑料制品获得某些特殊性能，往往加入一些其他物质，如抗静电剂，它能消除塑料在加工与使用时产生的静电。发泡剂可用来制造发泡塑料；磁铁粉则可用来制造导磁塑料等。

### 6.2.2 塑料的分类

塑料常用的分类方法主要有两种，即按热变形性质分类与按用途分类。

（1）按热变形性质分类

根据热变形性质，塑料可分为热塑性塑料和热固性塑料两类。

① 热塑性塑料以热塑性树脂为基本材料成分的塑料称为热塑性塑料。加热时这种塑料能受热熔融，塑化成型，冷却后硬化定型，且这一过程可反复进行，直至塑料分解为止。在反复塑制过程中，塑料只发生物理变化。

② 热固性塑料以热固性树脂为基本材料成分的塑料称为热固性塑料。热固性塑料在加热时软化，熔融。塑化成型，高分子间产生化学交联反应，冷却固化则不再熔融，再加热不软化，直至塑料分解为止。

（2）按塑料的用途分类

根据塑料的应用，可分为通用塑料。工程塑料和特种塑料。

① 通用塑料。指产量大，价格低，应用较广的一类塑料。它包括热塑性塑料和热固性塑料两类。常用的热塑性塑料有聚氯乙烯（PVC）、聚乙烯（PE）、聚苯乙烯（PS）、聚甲醛（POM）等；热固性塑料有酚醛塑料（PF）和氨基塑料（UF）。通用塑料的产量约占塑料总产量的80％以上。

② 工程塑料。一般指机械强度较高、耐磨、耐腐蚀、耐高低温、电性能及尺寸稳定性等综合性能良好，可代替金属的一类塑料。常用的品种有聚酰胺（PA）、聚碳酸酯（PC）、丙烯腈-丁二烯-苯乙烯（ABS），酚醛塑料（PF）等。

③ 特种塑料。指具有特殊性能和用途的塑料，如具有优异的耐化学腐蚀性的聚四氟乙烯（PTFE）、耐高温性能优良的聚酰亚胺（PI）、透明性好的聚甲基丙烯酸甲酯（PMMA）等。

（3）塑料的燃烧鉴定

当各种塑料被混放在一起而不能确定其类别时可采用燃烧法进行快速初步鉴定。具体方法如下：将一小块塑料放在铜板上加热，若塑料变软后熔融，最后烧焦的为热塑性塑料；若塑料不软化而变脆，最后烧焦的为热固性塑料。再分别取热塑性与热固性塑料放在酒精灯上点燃，仔细观察燃烧现象并嗅其味，对照识别特征来确定其品种。这一鉴别塑料品种的方法在制品模型制作中起着重要的作用。

### 6.2.3 模型制作常用的塑料材料

模型制作常用的塑料以热塑性塑料为主，在热塑性塑料中又以工程塑料和特种塑料为主，其中ABS工程塑料与聚甲基丙烯酸甲酯最具代表性，简介如下：

（1）ABS 工程塑料

① ABS 树脂及其特性。ABS 树脂是在改性聚苯乙烯基础上发展起来的三元共聚物，它是由丙烯腈（A）、丁二烯（B）、苯乙烯（S）组成的线型高分子结构。

ABS 树脂充分发挥了三组元的各自优良特征，如丙烯腈的耐热性，耐化学腐蚀性和具有一定的刚度；丁二烯的抗冲击韧性；苯乙烯的电性能和易加工性能以及有光泽易染色等。其主要特性如下。

• ABS 树脂为象牙色粒状或珠状料，本色 ABS 制品不透明呈浅象牙色或瓷白色，密度为 $1.02g/cm^3$，无毒无味。

• 易燃，离火后仍继续燃烧，火焰呈黄色并冒黑烟。燃烧时，塑料软化、发泡，无熔融滴落，烧焦时有异味。

• 机械性能良好，具有坚韧、刚硬的特征。有较高的耐磨性和尺寸的稳定性，可进行机械切削加工如车、钻、铣、刨、挫、锯及粘接加工。

• 吸水率低，不透水。有良好的电性能，其绝缘性很少受温度、湿度的影响。

• 良好的模塑性，加热成型收缩率小，其收缩率为 $0.5\% \sim 0.7\%$，可制作尺寸精度要求较高、造型复杂的制品模型。

• 良好的化学稳定性，耐油、酸、碱及无机盐的侵蚀、不溶于大部分醇类和烃类溶剂，但溶于丙酮和氯仿。

• 着色性好，表面经抛光或打磨后喷漆光泽感好。此外，根据设计的需要还可以进行丝网印刷、喷绘、电镀等加工。

改变三组元的配比关系还可使 ABS 树脂的性能略有差异以适应不同的需要。按其配比不同，ABS 树脂可分为超高冲击型、高强度中冲击型、低温冲击型和耐热型等品种。

② ABS 工程塑料的主要性能及用途。由于 ABS 工程塑料具有优良的综合性能，其应用范围很广。在机械制造工业中用来制造齿轮、泵轮、飞机舷窗内框、行李架、驾驶舱仪表盘、安全带扣、卫生设备、汽车外壳、安全杠、方向盘、冷热风口、扶手把柄、铭牌等；家用电器工业中用来制造电冰箱、洗衣机、空调器、电风扇、电视机、遥控器、游戏机、电脑、键盘、鼠标、以及玩具、灯具、文教用品、医疗器材、电子仪器、等等。ABS 工程塑料也是工业产品模型制作中最常用的模型用材之一。

③ 模型制作用 ABS 工程塑料。模型制作最常用的是低温冲击型 ABS 工程塑料板。板材经画线、切割后可直接粘制成型，也可用于热塑成型，叠粘成块材后还可进行车、铣、刨、钻等机械加工。常用 ABS 工程塑料规格为

板材：厚度为 $0.3 \sim 3.5mm$，面积为 $1000mm \times 600mm$ 或 $1200mm \times 2000mm$ 等。

卷材：厚度为 0.3～0.8mm，宽度为 1200mm。

棒材：直径为 0.5～100mm。

管材：孔径为 2～80mm。

以上模型用 ABS 工程塑料常用规格仅供参考。

（2）聚甲基丙烯酸甲酯（PMMA）

① 聚甲基丙烯酸甲酯及其特性。聚甲基丙烯酸甲酯是由单体甲基丙烯酸甲酯经自由基加聚反应而成的线型热塑性塑料。

聚甲基丙烯酸甲酯主要特性如下。

• 聚甲基丙烯酸甲酯的密度为 1.18g/cm³，外观无色透明而洁净，优异的透光性可透过 92% 的可见光与 73% 的紫外光，具有塑料中最高的透明性，故称之为"有机玻璃"。

• 由于是带支链的线型高聚物，有柔软的大分子链段，所以强度较高，冲击强度约比无机玻璃高 10 倍以上。长期在露天环境下，其强度不变，透明度和色泽变化也很小。

• 不易点燃，点燃后燃烧缓慢，离火后继续燃烧，火焰上白下蓝，燃烧时熔融起泡，散发出花果腐烂的臭味。

• 具有较好的加工成型性和着色性，适用于吹塑，注射、压塑、浇注、吸塑、弯曲等成型加工。

• 缺点是表面硬度较低，耐磨性较差，耐热性不高，热膨胀系数大。

② 有机玻璃的主要性能及用途。有机玻璃的用途非常广泛，如车、船、飞行器的驾驶舱的风挡玻璃、防弹玻璃，光学镜片，文教用品，各种灯具，日用品，广告铭牌及产品模型中的透明部分。模型制作常用的有机玻璃规格为

板材：厚度为 1～5mm，面积为：1000mm×1500mm 或 1400mm×1800mm 等。

棒材：管材，直径为 6～50mm。

这些有机玻璃有透明、半透明、不透明的，也有有色与无色的，但最常用的还是无色透明为主。

不同的塑料材料具体的化学成分虽然不同，却有着相似的特性。惟一的例外是像纸张一样非常轻薄的玻璃纸，它可用剪刀或其他刀类来裁切。

这些用于制作模型的材料，材质坚硬，有透明、半透明、不透明之分，常见的颜色有白色，此外还有其他的色彩系列。它们都同属于热塑性的材料，在加热时，具有受热软化的性能，可以在高温下加压成型。

由于塑料型材具有热塑性的特点，经过加热后，采用模具可以塑造出各种各样的产品形态，如曲面、弧面、弯角、凹凸的曲面等形状。而且 ABS、PVC 等材料也是现代生产中快速成型和产品制造的主要用材，如图 6-1 所示。

图 6-1　各种不同类型和规格的塑料材料

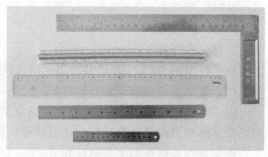
图 6-2　各种规格的直尺、直角尺

### 6.2.4　加工工具

制作塑料模型需要用到的工具以钳工工具为主，与加工金属、木材的工具大致相同。可用锯、刀、剪、锉来对不同的棒材、块材、板材和管材材料进行切割、削锉加工。可以用平头剪和剪刀来剪切厚度不大于0.8mm 醋酸纤维纸和聚氯乙烯薄膜。

制作中还需要钻孔工具及各种直径的钻头、台钳、测量工具、压镇工具、不同细度的砂纸和辅助材料，以及用美工刀来切割各种类型的塑料板，进行精确的划线。遇到曲线、圆等还需使用曲线板、铁制划规来完成。

（1）量具

在模型制作过程中，用来测量模型材料尺寸、角度的工具称为量具，如图 6-2 所示。

直尺是用来测量长度和划线时的导向工具，规格有 150mm、200mm、300mm、500mm、600mm、1000mm、1500mm、2000mm 等。尺面刻度有公制或公制与英制两种刻度。有些尺背还刻有公、英制长度换算表。尺身材料有不锈钢、塑料与木材等。

直角尺又称为弯尺，常用直角尺有以下三种。

① 木工直角尺由两条互为 90°的直角边和一条 45°角的斜边组成，是木制模型加工时主要的划线工具，有木制与金属制两种。

② 组合角尺由不锈钢材质的长工作边和铸铝材料的尺座两部分组成，经常用于测量和检验加工对象的垂直面和木、塑料模型板材下料时使用。

③ 宽座角尺用中碳钢精制而成，长工作边和尺座的两条直角边之间有精确的 90°角量具是制作塑料模型时不可少的精密仪器及工具。

对于模型上的曲线、圆等可使用曲线板、铁制划规来完成，如图6-3 所示。

卡钳有内卡钳与外卡钳两种。内卡钳用于测量模型工件的内径、凹槽等。

外卡钳用于测量金属模型工件的外径和外平行面等，如图 6-4 所示。

（2）切割工具

图 6-3 曲线板

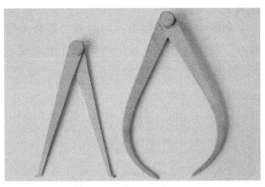

图 6-4 卡钳

用金属刃口或锯齿，分割模型材料或工件的加工方法称切割，完成切割加工的工具称为切割工具。

多用刀又称美工刀，如图 6-5 所示。刀片有多种规格。刀片能伸缩自如，可在塑料板材上划线，也可以切割纸板、聚苯乙烯板等。刀柄材料为塑料或不锈钢。

勾刀主要用于切割厚度小于 10 mm 的有机玻璃板及其他塑料板，并可以在塑料板上做出条纹状肌理效果，也是一种美工工具。

对不同形状的塑料板材切割时应选用不同的工具。如在 ABS 板上拉出直线形的沟槽就要采用钩刀来完成，切割板料的工具通常用美工刀或手工锯等，如图 6-6 所示。

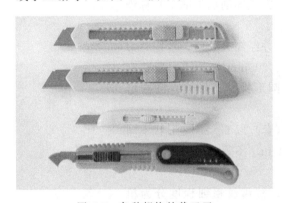

图 6-5 各种规格的美工刀

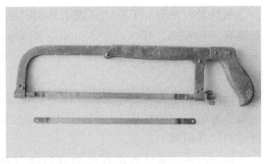

图 6-6 手工锯

手工锯用来切割各种较厚的板材，还可用来切割金属件、各种木料、有机玻璃等块体材料。因而手工锯是手工工具中较常用且用途较广的一种工具。

对于带曲线形的板材则需要用手工线锯或电动切割机来完成，如图 6-7 所示。

（3）划线工具

根据图纸或实物的几何形状尺寸，在待加工模型工件表面上划出加工界线的工具称为划线工具。通常用线钢材加工成尖锥状来作为划线工具。

划规主要用于划圆、划圆弧、等分角度、测量两点间距离以及找正圆心、量取尺寸等。常用划规有普通划规，弹簧划规和可调划规，如图6-8所示。

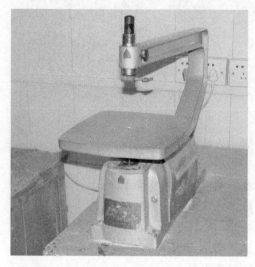

图 6-7　电动切割机

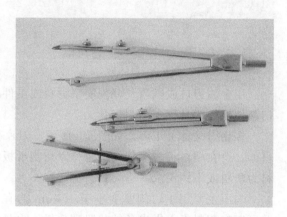

图 6-8　圆划规和针脚分规

（4）锉削工具

用锉刀在模型工件表面上去除少量物质，使其达到所要求的尺寸、形状、位置和表面粗糙度的加工方法叫锉削。完成锉削加工的工具称锉削工具，如图6-9所示。

钢锉是一种钳工工具用高碳工具钢制成，并经淬火处理。常用锉刀长度有、100mm、150mm、200mm、250mm、300mm等。锉刀形状有方形锉、平板形锉、三角形锉、圆形锉、半圆形锉、菱形锉、椭圆形锉等。

另外还有小型整形锉又称什锦锉，每组（套）以6～20支形状不同的细齿锉组成，挫长从3～7英寸（1in＝2.54cm）不等，用于修整金属或塑料工件的细小部位。

锉刀的锉齿形式有单齿纹和双齿纹两种。按齿纹粗细程度分为粗齿、中齿、细齿三种。

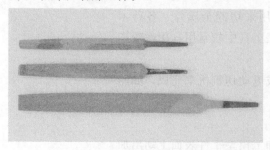

图 6-9　不同尺寸的钢锉刀

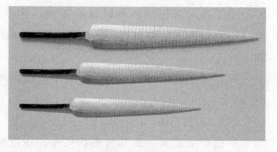

图 6-10　木锉

木锉是一种木工工具,如图 6-10 所示。锉身从手柄处至锉尖由宽渐窄,锉身横断面为弧形,锉齿锋利。适用于木质模型和泡沫塑料材料的局部加工。

(5) 加热工具

可产生热能并用于对材料进行加工的工具称为加热工具。主要工具有:热风枪、电炉、电烤箱等是塑料成型加工工艺中最常用到的加热工具,用于弯曲板材、棒材和管材、压模时加工之用。

如图 6-11 所示,热风枪由机身、出风管与手柄组成,适用于油泥模型与塑料工件局部加热用。机身内装有单向同步电机和风轮,出风管内装有电热丝,手柄内装有手撤式多挡电源开关。

电炉由炉座、炉盘,电热丝组成。炉座有冲压金属件与铸铁制成。炉盘由耐火材料制成,有方形盘与圆形盘,盘内装有电热丝,常用功率以:1000～2000W 为宜,适用于小面积热塑性塑料的热塑加工。

(6) 钻孔工具

在材料或工件上加工圆孔的工具称为钻孔工具。

手摇钻钻身由铸铁制成,并装有木质或塑料的手柄和胸托。摇动手柄使大、小锥齿轮带动钻轴上的钻夹头旋转。手摇钻适用于在加工材料上钻 1～8mm 以下的孔,如图 6-12 所示。

图 6-11　热风枪

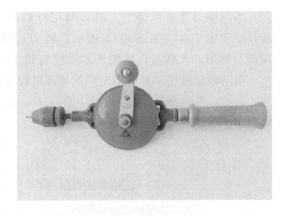

图 6-12　手摇钻

电动台钻钻身由铸铁制成,转速高、同时可多级变速,适用于在金属、木材、塑料材料上钻 1～10mm 以下的孔,如图 6-13 所示。

(7) 装卡工具

能夹紧固定材料和工件以便于进行加工的工具称为装卡工具。

台钳由固定钳身、活动钳身、砧座、底盘等铸铁部件和钳口、丝

图 6-13　电动台站

图 6-14　台钳

杠、手柄等碳钢件组合而成，如图 6-14 所示。

　　台钳必须牢固地紧固在钳台上，夹持塑料材料及工件时要使用钳口衬板（即用铜，铝材料制作的衬口）。台钳的规格以钳口宽度来表示，有 100 mm、150mm、200mm 等。

　　（8）錾凿工具

　　利用人力冲击金属刃口对金属与非金属进行錾凿的工具称为錾凿工具。

　　木刻雕刀是一种美工工具，所用材料和操作方法与木工凿相似，规格小于木工凿。如图 6-15 所示。雕刀形状多样，用途较广，手柄端部呈圆形，无铁箍，适用于木质模型和塑料模型局部的雕刻加工。

　　电动砂轮机用于对模型工件的局部进行磨削，使其达到所要求的尺寸、形状。是模型制作加工中常用的工具，如图 6-16 所示。

图 6-15　木刻雕刀

图 6-16　电动砂轮机

电动抛光机的工作原理与台式电钻和电动沙轮机一样，装有布轮主要用于抛光物体的表面，如图 6-17 所示。

### 6.2.5  黏结剂

塑料材料所用的黏结剂分成两类：针对不同成分的材料专用的黏结剂；对各种塑料都能使用的通用胶，如图 6-18 所示。

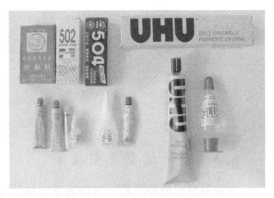

图 6-17  电动抛光机          图 6-18  各种不同类型的黏结剂

（1）专用树脂

聚氯乙烯、聚丙烯、丙烯腈-丁二烯-苯乙烯和聚甲基丙烯酸酯的材料都要采用专用树脂作为黏结剂。

① 聚氯乙烯胶

通常用于连接、密封聚氯乙类管和槽。

② 聚丙烯和丙烯腈-丁二烯-苯乙烯胶

对透明醋酸纤维在粘接时要特别小心，因为大多数黏结剂在干燥时会留下可见的胶斑。使用少时应小心谨慎，尽可能减少粘接时的痕迹。

③ 丙酮

只能用于透明醋酸纤维，不能用于胶粘其他材料。

④ 透明聚酯胶带

可对透明醋酸纤维进行胶接，干燥后几乎看不见有粘结的痕迹。

（2）通用胶——环氧树脂

可以作为各种类型的塑料的粘接。由于环氧树脂干燥后是可见的，不适合把它用于透明的聚甲基丙烯酸酯和其他透明的塑料。环氧树脂还可以用于塑料与金属、塑料与木材和塑料与纸张的连接。

（3）接触接合剂——三氯甲烷（氯仿）

氯仿有很强的挥发性，氯仿通过腐蚀 ABS、有机玻璃板的表面，以达到把两块材料粘接在一起的作用，不宜用作透明塑料板材的粘接。使用时可用注射器进行局部的施用。

注射器由玻璃注射管与玻璃椎柄组成。注射管端部可装卸注射针，注射针的规格以针管的外径尺寸来表示。尺寸越大则流量越大。常用的注射针以 4# ~7# 为多。常用注射器规格有 2~5mL，如图 6-19 所示。

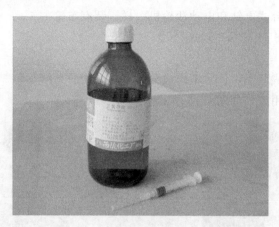

图 6-19　三氯甲烷（氯仿）与注射器

## 6.3　塑料模型成型技法

对塑料模型的加工是一项需要非常细致而又有耐心的工作，过程令人兴奋，也激动人心。

### 6.3.1　开料

塑料模型制作的第一步是开料。在开料前必须按照制作对象的形态，通过分解，绘制出每个立体部分的展开图、平面图，并对每个平面图、展开图标注详细的尺寸。依照平面图、展开图在材料板上画出形体轮廓。

当切割的材料用于制作曲面时，可根据平面图、展开图，按实际尺寸适当地放出加工余量，以便于以后的压模、精加工之用。

在切割线性平面时，应按照要求的尺寸用刀具来准确划线，与其他材料不同，那种事事均留加工余量的做法在塑料模型制作中是不可取的。

对于曲线的尺寸要采用金属的划线工具来完成准确划线的工作。划线时，刀刃必须垂直于加工材料面，另一只手按紧钢尺，用力划线；将板上划好的线，对齐操作台的边缘，一只手按紧板，另一只手沿着操作台边缘的另一方向用力往下按压，这时板材会沿着刀刃划线处准确地断开。这一步被称为开料。

对于曲线的开料，则不能直接用手来完成，而要借助于线锯来沿曲线走势锯开，以取得必要的、准确的形体。

值得特别强调的是

① 线必须准确，开料必须到位，不留加工余量。

② 在选择塑料板材的厚度时，应根据模型的大小、压模时的行程、压模时曲面的凹凸程度、所需要的强度以及加工时的难易程度来决定。在满足需要的前提条件下，一般尽量采用厚度比较薄的板材。

### 6.3.2　弯曲材料

弯曲塑料一般都需要加热。重要的是要慢慢地、非常小心地进行。不要扭伤了材料，要等到材料加热到足够温度时，才进行操作。不过，由于塑料介于固态和融熔状态之间的温度范围相对比较小，所以加热时要小心不要加热过度，否则会产生汽孔，致使材料组织疏松，如图6-20所示。

（1）弯曲板材

简单的弯曲：简单的弯曲就是只进行单一的、一次性的弯曲。例如做一个两个面相交形成的角，如果板材厚度小于2mm，可用泡沫芯做成模具按相应的角度弯曲；对于较厚的塑料板材，可用中密度纤维板或坚硬的木材做出凸模具，不需要凹模具。弯曲时，让板材比所需的尺寸稍大一些。弯曲好板材后，切割板材，以达到最好的弯曲结果，如图6-21、图6-22所示。

图 6-20　对板材弯曲部分加热　　　　　图 6-21　简单的弯曲

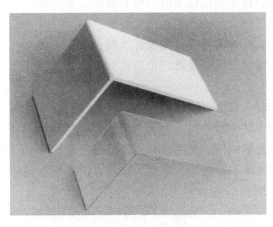

图 6-22　弯曲后的形态

在电吹风的嘴上加一宽口的喷嘴，用两块胶合板遮蔽塑料板材上不需要弯曲的部位，在两块木板间的窄槽处集中加热，只加热要弯曲的部位。

采用中密度纤维板制作成凸模和凹模，模具之间应该预留出要弯曲的余量。这个余量就是在凸模和凹模之间要放置塑料板材的量，也就是要留有相当于要弯曲的塑料板材厚度的多余的空间，这样弯曲板材形状才不会变形，如图6-23所示。用来弯曲的板材应该比所需要的尺寸稍大些，在切割板材时应留有裁切的余量，才能在弯曲后，通过切割得到所需要的尺寸材料。

用电吹风均匀地、来回地在要弯曲的部位前后移动，使材料均匀地升温。保持电吹风与塑料板材间有足够的距离，以避免发生过热现象。在板材受热软化后，将板料放在模具中，用 C 型夹或螺钉夹紧。这种方法主要用于成型复合曲线、复合曲面的弯曲。

（2）弯曲棒材

弯曲棒材时要使用一定的模具配合成型，如图 6-24 所示。首先要确定所需棒材的长度，以确定绘制或勾画出一定尺寸和半径的弯曲形状。切割棒材要留有余量，必须比所需的成型后用料长一些，以便按需要截取弯曲长度，同时长一点的材料有利于弯曲作业。

图 6-23　凸模和凹模弯曲的板材

图 6-24　弯曲棒材时使用的模具

模具可用泡沫芯、纸板或胶合板来制作模型的内模和外模，并可以采用现成的塑料棒材，利用棒材可以完美地产生新的曲线形状。

在棒材上标注出所要弯曲曲线起始的两端，用胶带遮蔽保护不想弯曲的部分。胶带可保护棒料的直线部分不易受热，也可作为棒材弯曲位置的辅助参照。

用电吹风加热要弯曲的部分时，温度不要过热，也不要让热风枪离塑料表面太近。在加热时应不断旋转棒材如图 6-24。

如果棒材受热均匀，长度也足够的话，塑料棒材能保持足够长的时间、足够的温度，来进行小心细致地、准确地完成弯曲操作，使棒料弯曲成为所要的形状，如图 6-25、图 6-26 所示。

图 6-25　准确地完成弯曲操作

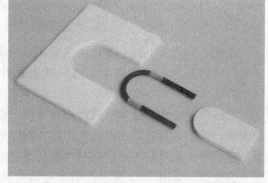

图 6-26　待棒料冷却后，将其从模具中取出

（3）弯曲管材

选择管材时应该注意壁厚。弯曲管材的过程类似于弯曲棒材的过程，不过模具必须用具有一定强度的胶合板或坚硬的木材做成，成型用具中必须使用多块木板来制成夹板。将放在桌面上的木板与模具的内模和外模靠在一起，以防止管材在弯曲的区域变形。模具的内模和外模厚度必须与管材的直径相等。不过，加热软化的塑料管材会克服应力而产生新的形状，为使各段形态之间形状过渡光滑。将管材推向模具时需要盖板来帮助完成这种光滑过渡的成型。

按照弯曲棒材的过程中所描述的方法进行切割、标记和遮蔽管料。用热风枪加热，在加热过程中要不断地旋转管料，如图 6-27 所示。

将模具放在操作台上，在模具上进行弯曲，给模具加上盖板。在管料完全冷却后，按所需的尺寸进行切割。

弯曲管还有另外一种方法，俗称为压制法。压制法弯曲管材时需要对上述所说的过程作些改动，以模仿弯曲的走势来压制成弯曲的管状形态，这是对管料做小直径弯曲的一项常用的技术，使用这种方法的特点是，在曲线的内侧会产生具有下凹的形状。这个下凹的形状通常称为卷曲。首先要做一个带圆弧的小木质销子，其作用就像是冲头。模具需要弯曲的部分类似于弯曲管材中所用的那种方法，但是盖板和底板必须改成有导入冲头的导轨，然后就可以形成一定的凹度，或称卷曲，这就是压制弯曲法的特点，如图 6-28。

图 6-27　加热管材，注意模具的基板和顶板

图 6-28　压制法弯曲管材，管料夹在模型中，用冲头顶到位

像平常那样加热管材，将管材放到模具中，夹紧盖板，然后冲顶到销子处。销子会迫使在弯曲过程中产生的多余材料进入新形成的下凹形状中如图 6-29。

"弯曲"一词不能描述弯曲过程中所有的潜在的可能性。弯曲也是有限制的，弯曲不可能过度拉伸材料。这种技术不能用做弯曲面与面处于异形情形下的曲面，因为其中涉及到材料的拉伸和材料收缩的问题，一些复杂的弯曲工艺将用到真空成型等更为复杂的技术。压制弯曲法所

图 6-29　管料封闭在模具中，用顶板推到位

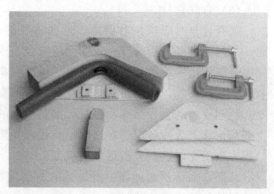

图 6-30　压制弯曲法的管材夹具

用的管材夹具如图 6-30 所示。

### 6.3.3　曲面成形

在塑料模型制作过程中由于受到材料和工艺的限制，只采用简单的弯曲、粘接工艺是，不可能完全满足所需形态的要求，但可以利用塑料在高温时具有高弹性的属性，通过热压、弯曲、拉伸、真空成型等塑制成型方法来达到要求。

塑料的曲面成形一般需要一定的工具和设备。相比单曲面成形，双曲面成型就比较复杂。对于大中型的模型，一般需借助真空吸塑机来完成。真空吸塑的步骤是：①按模型的形体特征做成木模，然后将木模放入真空吸塑机内，并在木模上覆盖一张 1～2mm 厚的 ABS 塑料板；②通过加热使塑料板软化，然后放入真空机内利用真空后的压力，使塑料板均匀地吸附在木模表面；③数分钟后取出模型，将木模剥离，就可获得一个具有中空的塑料模型部件。

利用真空吸塑机加工像汽车、船艇、吸尘器、灯罩等带有曲面的壳体的模型十分方便，能准确地达到理想的形态要求。

在一般的手工模型制作中，就需要自制模具（阳模）和压模板（阴模）来用手工完成。在具体制作模型前，应先用石膏或中密度纤维板做好相应的模具和压模板。在制作模具和压模板时，必须考虑材料的厚度，把材料的厚度作为模具缩放、压模板制作的尺寸依据。

模具、压模板制作好了之后，将模具置于平整的操作台上，将 ABS 板在电烤箱内或电炉上加热，使之受热变软，放在模具上，双手持压模板用力往下压。待稍微冷却后，取出模具。而完全冷却后，由于材料的收缩将不易取模。操作时要注意安全，带上手套进行操作。制作过程如图 6-31～图 6～38 所示。

### 6.3.4　修整裁切好的材料

对于裁切不准确的塑料板材，对于需要修饰的形态、需要倒角的边角、尺寸尚未达到要求精度的部位以及经加热后压制成型的曲面都需要进行轮廓修整。

图 6-31　热塑制成型的压模板和模具

图 6-32　将 ABS 材料裁切成圆形置于
电炉上加温使其软化变形

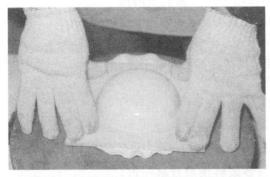

图 6-33　将软化后 ABS 板材料置于模上

图 6-34　双手持压模板用力往下压

图 6-35　将冷却定型后的形态从模具中
取出，用线锯去除多余的边角

图 6-36　利用旋转磨刀将部件的毛边进行粗磨

图 6-37　用角刀对部件的边缘进行刮修

图 6-38　完成后的形态

在修整时，必须将需要操作的部件夹在台钳上，用粗锉刀细心地进行修整。当加工的尺寸接近要求时，就应改用什锦锉进行精锉。为了提高锉刀的工作效率，必须经常用钢刷子将粘附在锉刀上的塑料粉末清除掉。模型的各部分尺寸经修整准确后，就可进行粘接。

### 6.3.5　粘接

在塑料模型的制作过程中，模型的大部分部件是靠塑料板彼此之间的粘接而成。粘接有机玻璃和ABS塑料板可采用三氯甲烷（也称氯仿）作为黏结剂。在粘接过程中，应先把塑料部件固定好，然后用细毛笔或注射器将氯仿注入连接处，量不能过多，稍等片刻后，部件即可粘牢。

在黏结剂挥发、固化的过程中，应使用相应的夹子夹紧胶粘的部位。注意粘接边、线、面时，部件一定要用手或夹具夹紧，否则将会造成翘曲现象。

粘接塑料就像粘接金属一样，粘接时所有粘接部件都要非常干净，不应有油脂或脏污的痕迹。

若部件的粘接处要承受很大的外力，就要为粘接处提供更多的结构支撑。

### 6.3.6　模型的表面整饰

在对塑料模型进行表面整饰前，应先用细砂纸将模型打磨一遍，去掉模型表面的油脂或脏污，然后用腻子填补粘接的缝隙和缺陷处，再用细砂纸对模型进行打磨。这一过程有时需反复多次。对于影响喷漆处理的表面颗粒、刮痕或起毛现象，需要用水砂纸蘸肥皂水轻轻打磨处理，使整饰后的模型的整体可视表面光滑平整，然后才能进行喷漆上色。

### 6.3.7　整饰产品模型

由于塑料本身就是很好的整饰性材料（但这是针对塑料材料的质地而言的）。除了红、蓝、灰、黑和白之外的颜色，难于找到其他的颜色，除非所选用的材料、颜色、质地、与最终模型表面色彩一致，对于所制作的塑料模型，就需要进行表面整饰上色，进行整饰上色后才能得到所需的颜色。

在上色前要用肥皂和清水给将整饰的部件除去油脂，也可以使用清洗剂清洗，然后用很细的砂纸（400～600目）打磨所有的表面，然后彻底去除模型表面的尘屑。

在上色之前，对于所选用的上色材料应先在废料上试一下，因为有些颜料会腐蚀塑料的表面。

塑料模型的上色原则是薄而多遍。在上色过程中，如果发现模型的表面有加工过程中留下的缺陷，就应该进行修补和重新打磨处理。

当一件模型中不同部分需要用不同的色彩进行表达时，最好的方法是在模型制作的过程中，将模型不同的部分分开制作，分别上色，然后再进行组装。

## 6.4 塑料模型成型案例

### 6.4.1 图纸与工具

① 准备好已设计完的电话机的正投影视图。

② 标好主要尺寸。

③ 确定模型制作的比例。

图纸方面，至少需要顶视、侧视、正视、后视四个正投影视图。如图 6-39 所示。

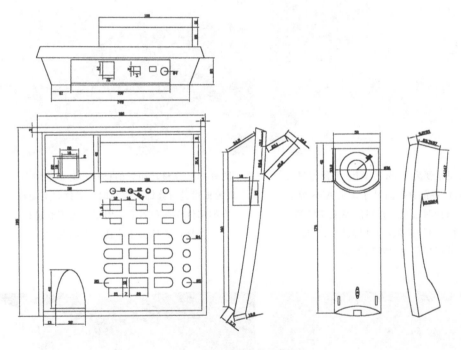

图 6-39 电话机的三视图

### 6.4.2 所用工具

① 工作台

② 金属 L 型角尺

③ 金属直尺

④ 划线规

⑤ 三角板

⑥ 圆规

⑦ 曲线板

⑧ 美工刀

⑨ 手锯

⑩ 雕刻刀

⑪ 台钳

⑫ 钢锉刀

⑬ 木锉刀

⑭ 200～400 目砂纸

⑮ 氯仿与注射器

### 6.4.3　制作过程

如图 6-40～图 6-54 所示。

图 6-40　选用厚度为 2mm 的 ABS 工程塑料板，根据电话机的各部分视图尺寸，在 ABS 板上放样，在放样时应注意材料的厚度与模型外形尺寸的避让关系，并用裁切工具将放好样的材料裁切下来

图 6-41　修整裁切好的材料，对于裁切下来的板材进行修饰、修整时，必须将需要操作的部件夹在台钳上，用粗锉刀细心进行修整，使其尺寸达到要求的精度

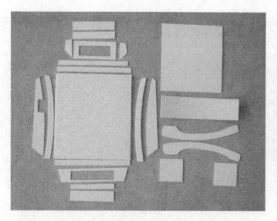

图 6-42　裁切后经修整，尺寸达到要求的电话机各主要展开面

图 6-43　用三氯甲烷（也称氯仿）作为黏结剂，将模型的各个部分进行粘接。把塑料部件固定好，然后用注射器将氯仿注入连接处。稍等片刻后，部件即可粘牢。在粘接前，应先考虑将模型的各部分进行分解，分开进行，最后才统一组装

图 6-44 将粘接后需要整形的模型部件夹在台钳上，用粗锉刀进行修整。当加工的形态和尺寸接近要求时，改用什锦锉精锉进行修整

图 6-45 对于模型局部的曲面、凸面、凹面、可以采用材料叠加的方法，增加局部厚度，然后用锉刀进行修锉造型

图 6-46 对于模型表面的开孔，应根据尺寸在待加工的材料上用划线工具精确的划出形状

图 6-47 打孔前，应先用尖铁锥在孔的中心定位，可避免打孔时钻头偏位

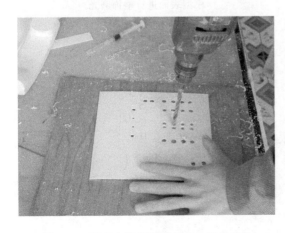

图 6-48 用手电钻根据孔的中心定位打孔

图 6-49 用勾刀或雕刻刀对打好的孔进行初步修整

图 6-50　用什锦锉对经过初步修整的孔进行精修，这个作业过程应将加工材料夹在台钳上进行

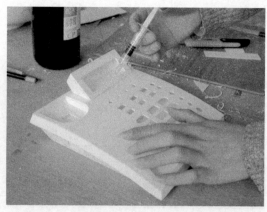

图 6-51　对加工粘接好的模型各个部件进行装配，在装配时应严格根据模型尺寸、位置和装配关系，精心作业，并且注意保持模型表面的整洁

图 6-52　对装配好的模型的各部分进行适配检查，特别对于模型部件形态上的曲面、凹凸面的配合关系进行校正

图 6-53　用细砂纸对装配后的模型表面进行整饰磨光

图 6-54　装上小零配件后完成的模型

# 第7章

# 木模型制作技法

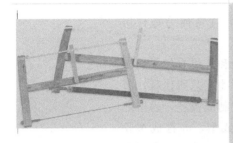

- 木模型概述
- 木模型的材料与工具
- 木模型的制作技法
- 木模型制作案例

## 7.1 木模型概述

### 7.1.1 木材的一般特性

中国地域辽阔，森林分布很广，树种繁多，均有 7000 多种，其中材质优良、经济价值较高的有千余种，适用于家具的主要木材有 30 余种，主要有分布在东北的落叶松、江松、白松、水曲柳、榆木、色木、松木、柞木、楸木；分布在长江流域的杉木、本松、柏木、擦木、榨木；南方的香樟、柏木、紫檀等。

木材是在一定自然条件下生长起来的，它的构造特点，决定了木材的性质。简述如下：

① 质轻而强度较大；

② 容易加工和涂饰；

③ 热、电、声的传导性小；

④ 具有天然的纹理和各种色泽；

⑤ 吸湿和变异。

### 7.1.2 常用木材的种类

（1）锯材

锯材按其宽度与厚度的比例而分为板材和薄木。

① 板材。锯材的宽度为厚度的 3 倍或 3 倍以上的称为板材。板材按厚度不同又可分为：薄板厚度在 18mm 以下；中板厚度在 19～35mm；厚板厚度在 36～65mm；特厚板厚度在 66mm 以上。

② 薄木。按不同的锯割方法，可分为

• 锯制薄木　表面无裂纹，装饰质量较高，一般用作覆面材，但加工时锯路损失较大而很少采用。

• 刨制薄木　纹理为径向，纹理美观，表面裂纹较少，多用于人造板和产品的复面层。

• 旋制薄木　也称为单板，纹理是弦向的，单调而不甚美观，表面裂纹较多，主要用来制造胶合板或做弯曲胶合木材料。

此外，多层胶合创切薄木是近年来开发出来的一种表面装饰新材料，扩大了木材树种的利用，也为产品的表面装饰提供了优质材料。

（2）曲木

木材弯曲又称曲木。常用的弯曲方法有

• 实木弯曲　就是将木材进行水热软化处理后，在弯曲力矩作用下，使之弯曲成所需要的各种形状，而后干燥定型。

• 薄木胶合弯曲　采用实木弯曲的方法，对树种和等级有较高的要求，有一定的局限，因此近几年来，已逐渐被胶合弯曲工艺所代替。薄木胶合弯曲是将一叠涂过胶的旋制薄木（单板）先配制成板坯，表层配置纹理美观的刨制薄木，然后在压模中加压后弯曲成型，亦称成型胶压。它具有工艺简单、弯曲率小、木材利用率高和提高工效等优点。主要用于各类椅子、沙发、茶几和桌子等的部件或支架，使产品具有造型轻巧、美观和功能合理的特点，并为产品设计的拓宽品种提供了新的途径。

• 胶合板弯曲　有两种情况，一种是把胶合板成叠配置板胚；另一种是用单张胶合板进行弯曲。

• 锯割弯曲　用于制造一端弯曲的零件，如桌腿、椅腿等，还可以采用在方材一端锯剩后再弯曲的方法。在每个相等间距的锯口内插入一层涂胶薄木（单板），然后在弯曲设备上弯曲胶合。

（3）人造板

人造板有效地提高了木材的利用率，并且有幅面大、质地均匀、变形小、强度大、便于二次加工等优点。其构造种类很多，各具特点，最常见的有胶合板、刨花板、纤维板、细木工板和各种轻质板等。下面分述各类人造板的特点和用途。

① 胶合板。用三层或多层单板纵横胶合而成，各单板之间的纤维方向互相垂直、对称。胶合板幅面大而平整，不易干裂、纵裂和翘曲，广泛适用于家具的大面积相关部件，如家具的各种门、侧、顶、底、背板和床、桌的面板，还可用于椅子的成型座板和靠背板等。

② 刨花板。利用木材采伐和加工中的剩余材料、小径木、伐区剩余物或一年生植物桔秆，经切削成碎片，加胶热压制成。刨花板具有一定强度，幅面大，但不宜开榫和着钉，表面无木纹，但经过二次加工，复贴单层板或热压塑料贴面和塑料木纹薄板等就能成为坚固美观的家具用材。

③ 纤维板。是一种利用森林采伐和木材加工的剩余物或其他禾本科植物桔秆为原料，经过削皮、制浆、成型、干燥和热压而制成的一种人造板。根据容积重量的不同，可分为硬质、半硬质和软质三种，质地坚硬、结构均匀、幅面大、不易胀缩和开裂。

④ 细木工板。是一种拼板结构的板材，板芯是由一定规格的小木条排列胶合而成，两面再胶合两层薄木板或胶合板。细木工板具有坚固、耐用、板面平整、不易变形、强度大的优点，可应用于家具的面板、门板、屉面等，多用于中、高级家具的制造。

⑤ 复面空心板。它的内边框是用木条或花板条组构而成。在板的两面胶贴薄木、纤维板、胶合板或塑料贴面板，大面积的空心板内部可放各种填充材料。重量轻，正反面都很平整、美观，并有一定的强度，是家具的良好轻质板状材料，可用于桌面板，床板和柜类家具的门板、隔板、侧板等。

木材被广泛地用于传统的模型制作中。在传统的机械制造业中大量采用木模型作为铸造用模具。业余模型爱好者使用条状的薄木板做成各种流线型的航天及航海模型，无论把木材用在何处，都能制作出非常精美的作品。

由于木模型对所使用的材料有较高的要求，同时制作木模型需要熟练的技巧和大量的时间。所以在产品模型制作中，通常使用木材来做细致的模型部分，或作为制作产品模型的补充材料，较少用它做结构功能性模型。

在木模型制作中完全使用木材来制作模型可以达到非常精美的效果，但与其他的材料相比，它需要用到各种不同的加工和整饰方法。为了节省时间，增强木模型的表现效果，经常采用木材与其他装饰效果好的表面材料结合使用（如纸材和塑料）。

## 7.2 木模型的材料与工具

### 7.2.1 材料

制作木模型用的大多数木材可在建材市场上或在专业的模型商店购买到。而且木材的种类尺寸及规格基本可以满足制作各种木模型的需要，如图7-1～图7-3所示。

木材按材质来分，主要可以分为两大类：轻质木材和硬木类木材。

（1）轻质木材

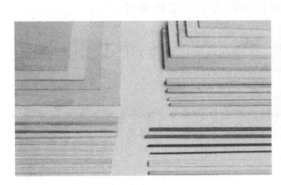

图 7-1  不同规格的胶合板、棒材

图 7-2  不同规格的薄板材

图 7-3　不同规格的硬木条

轻质木材比较松软，易于切割，粘接时不需要专门的胶水，也不需要较高的粘接技术。但是轻质木材的纹理比较脆弱和疏松，不适合制作模型构造件，对于具有构件性的木模型应采用比较坚实的木材来制作。

轻质木材虽然在制作过程的切割和粘结时会节省大量的时间，然而以轻质木材制作的模型在表面处理阶段进行修饰的时候，需要花费更多的时间。

轻质木材有各种形状和规格尺寸供选用。常见的有厚板材、薄板材，以及棒材。除此之外，有许多建材商店还出售三角形的、半圆的和1/4 圆等规格的木条。

在模型制作中应避免使用很薄的软木或体积大的厚板或木块。因为过薄的木料结构上太脆弱，很容易断折，对成型和整饰大块的软木则需要大量的时间，工作程序也较为复杂，对于大的模型，最佳的选择还是泡沫塑料。

（2）硬质木

虽然对坚硬木材的加工比较困难，而且需要较高的加工技术，但是硬木确实是制作模型的上好材料。

椴木、桦木、桃木、云杉和胡桃木通常以木条和棒材出售，有正方形的或长方形等许多规格，同时还有其他的截面（三角形、半圆形）。由于这些截面的尺寸通常都比较小，可以像轻质木材那样进行切割。

硬木的纹理比轻质木材和其他软木更实密，使得表面涂饰也更为容易，如果采用纯木质材料来制作模型，具有一种天然的材质美。

（3）胶合板

在模型制作中，常用胶合板来作为辅助材料，而不作为主要的制作用料。用于模型制作的胶合板要选择夹层结实、无脱胶、材质及色泽均匀，板面平整无弯曲、没有结巴的板材。

（4）中密度纤维面板

中密度纤维板是用精细的木屑和其他纤维材料加上黏结剂，在高温、高压下压制成型的板材。质地细密没有木材纹理的方向性。成品规格为 80mm×120mm、120×244 mm,厚为 0.5 mm、0.8 mm、1.2 mm、1.5 mm、1.8 mm、2mm。

加工中密度纤维板就像加工硬木一样,用切、割、刨、削、铣、钻等方法可以产生非常平整的表面和带有曲面的形态,还可对表面做打磨和后期的整饰处理。

(5)木纹贴面

木纹贴面是从原木上抛削下来的一层薄木层。用木纹贴面对模型的整体或局部表面进行粘贴,可以产生整块木板的效果。市面上有不同种类的木纹贴面供选择。在模型制作中,常用木纹贴面来表现家具和其他用以表示木头做成的物体的表面。

处理木纹贴面就像是处理纸材料一样,可用刻刀切割,再用白胶粘到模型上。通过打磨作整饰,可以产生非常平滑精美的木纹表面,如图7-4 所示。

### 7.2.2　工具

(1)刀具

刀具是切削软质木材的基本工具,与加工纸的刀具一样,可以选用不同的美工刀进行各种切割作业。

可以用刀具来切削硬木条和胶合板,也可用刀具进行直线的切割,或对模型的局部进行刻削加工,使用起来会比锯子更快、更精确。但美工刀并不适宜用在厚的或坚硬的木材上,否则将会产生不精确的切割,对此应选择其他的工具来进行修正。

(2)刨刀

刨刀是用来刨平木材表面,对木材的边沿、切口及榫槽进行修饰的工具。主要有长平刨、短平刨、弧面刨、手短平刨,如图7-5~图7-11所示。

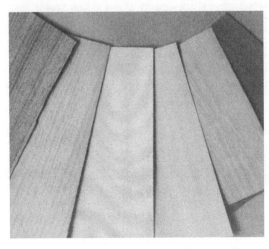

图7-4　各种木纹贴面

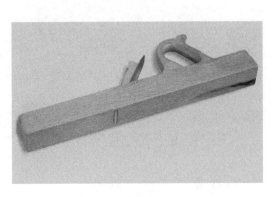

图7-5　长平刨

图 7-6　短平刨

图 7-7　短平刨

图 7-8　弧面刨

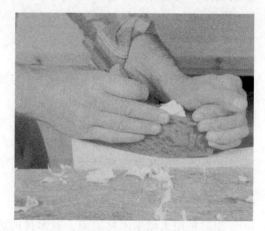

图 7-9　弧面刨主要用于刨削不同木
部件的弧面

图 7-10　边刨

图 7-11　边刨主要用于加工修正木
部件的边口

（3）锯

用于对厚的木板材、块材和胶合板的切割。不同的木锯，可以切割出曲线和其他复杂的形状。将待加工的材料夹紧在工作台上，可以保护工作台的边缘不被损坏，同时也有助于切割复杂的形状。电动竖锯虽然较贵，但却是非常实用的工具，可用于切割板材上各种复杂的曲线，如图 7-12～图 7-16 所示。

图 7-12　不同规格的木锯

图 7-13　用木锯可以在板材上切割出不同的曲线

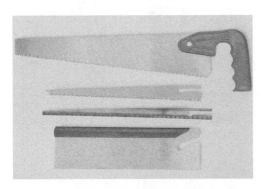

图 7-14　各种常用的手锯

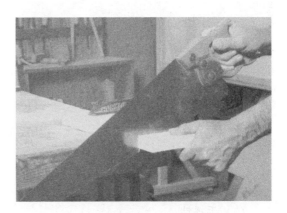

图 7-15　手锯主要用于切割中等厚度以下的木块材和木板材

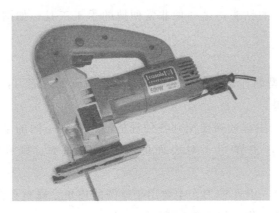

图 7-16　电动手锯可用于切割中等厚度以下的木块材和木板材，是一种非常实用的电动手工具

（4）电钻

电钻分手持式电钻和台式电钻，它们都是木模型制作中非常重要的工具。用电钻可以加工出精确的孔，同时也可以作为许多切割过程的辅助工具。

台钻可用于钻出不同直径的孔，还有多种小型电钻，是以电池来驱动。在模型制作中可以进行钻孔和精细的作业，如图 7-17、图 7-18 所示。

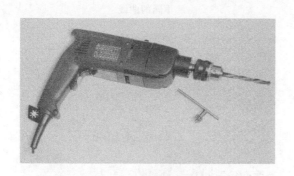

图 7-17　手持式电钻

图 7-18　台式电钻

（5）手摇钻

手摇钻与电钻一样，它们都是木模型制作常用的工具。手钻用于在各种不同规格的木材上加工出精确的孔。

手钻配有不同直径的钻头，是一种非常便捷的手工工具，如图 7-19 所示。

（6）整饰工具

① 锉刀。是木模型制作基本的锉削工具。选择高质量的锉刀，可以得到良好的加工效果。

在木模型制作过程中，还需要用到各种规格的、粗细不同的金属平锉、半圆锉、圆锉，主要用于对表面的平整，凹曲面、圆孔的加工。

另一种基本工具是一套小锉刀，主要用于整圆的边角、修整孔洞、制作凹槽及其他类似的工作，如图 7-20 所示。

② 砂纸。主要用于对各种模型材料表面的整饰。

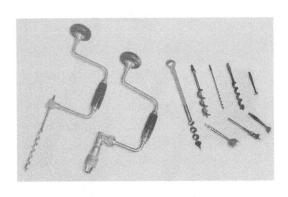

图 7-19　手摇钻和不同规格的钻头

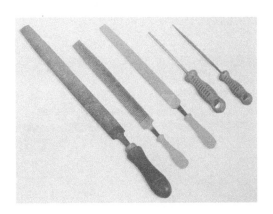

图 7-20　不同规格的锉刀

在单独使用砂纸时，最好是将一小张砂纸的背面对折使用，这样会具有一定的强度，在表面整饰的过程中不会受手指形状和用力不均而影响表面的整饰效果。

应根据不同材质的硬度来选择不同型号的砂纸，如 60 目的砂纸用于圆整边角；100 目的砂纸多用于去除多余的腻子，软质木材则要使用更细的砂纸，如图 7-21 所示。

③ 电动打磨机。电动打磨机是用机械震动的方法，带动安装在打磨机底部的砂纸做快速前后运动，利用这种方式对加工件的表面进行打磨和砂光，是一种快速、便捷的表面加工工具，如图 7-22 所示。

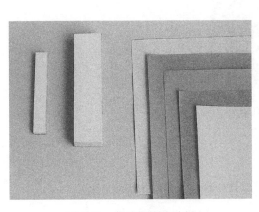

图 7-21　各种规格的砂纸

图 7-22　电动打磨机

④ 夹具。是装在工作台上，用于夹持需切割和修整的木条不可缺的工具。对于精细的作业，应避免用手持进行切割或锉削。此外，不同型号的 C 型夹都是模型制作中的重要辅助工具，可用于模型不同部分的固定，保持加工和上胶时模型的尺寸精确和表面的整洁，如图7-23～图 7-25 所示。

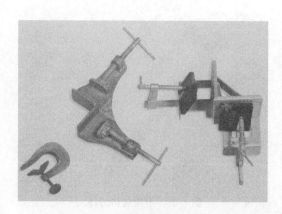

图 7-23　不同规格的夹具（一）

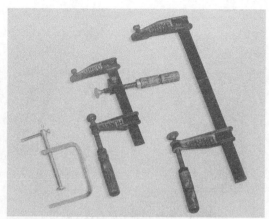

图 7-24　不同规格的夹具（二）

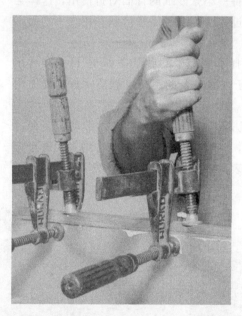

图 7-25　在模型装配中，用夹具来固定
模型不同的部分

（7）凿子

凿子是对木材进行凿孔的工具，与其他加工工具一样，可以选用不同尺度的凿子进行各种凿孔作业。

可以用凿子来铲削或对模型的局部进行刻削加工，比其他工具更快、更精确，如图 7-26～图 7-28 所示。

（8）测量工具

尺子、木工角尺或曲尺和卡钳都是所需的基本测量工具。因为这些工具通常是与刀具和锯子配合使用的，最好是使用金属制成的尺子，如图 7-29、图 7-30 所示。

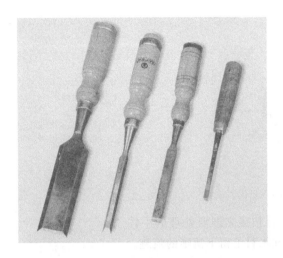

图 7-26　不同规格的凿子

图 7-27　用凿子对木材进行凿孔

图 7-28　用凿子对木模型的局部进行刻削加工

图 7-29　不同用途的木工角尺

（9）工作台面

在木模型制作中，质地软硬适中的塑料垫，极适合于作切割作业的垫板，还应装配一张胶合板（450mm×600mm×12mm）作为工作台面，也可以作为模型装配时的工作台。

应加以注意的是：必须用平整的工作台面来粘结部件，用尺子或角尺来检查模型部件的尺寸和装配的垂直度，在工作台上固定一台小台钳，就可以使它成为可移动的轻便工作台。

### 7.2.3　黏结剂

在木模型制作过程中，木材与其他材料粘接时，所选用的黏结剂必须与所要粘接的表面材质相兼容。

白胶　可用于大多数物体，在粘接过程中要将粘接件夹紧或压实。

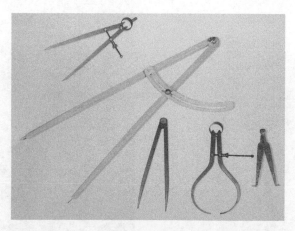

图 7-30　圆规和卡钳都是基本的测量工具

轻质木材黏结剂　干燥比白胶快，特别适合粘接立即要处理的小件物品。需要注意的是这种胶干燥后有光泽，会在木材上留下清晰的痕迹。

环氧树脂　用于接触面积较小的结构件（椅子和桌腿、杆、桁条等）。是一种黏性非常强的黏结剂，但是使用时比白胶要复杂。

同时环氧树脂胶需要较长的固化时间才能得到高的粘接强度。

### 7.2.4　填充材料

填充材料和密封材料主要用于对木模型表面进行后期整饰，以方便木材的表面涂饰。

无论是哪一种类型的填充材料，都不可能把材料缝隙真正填平。填充料是用来添平模型粗糙纹理的表面。对于要显示木材纹理的木模型在涂饰填充材料后，经过打磨木材纹理将不应受到影响。

水基质填充料　基本成分是虫胶和滑石粉。水基的填充泥料应该涂覆少量、很薄的一层，特别是在软质木材上，过多地使用水基质的填充泥料会使木板翘曲。

聚酯填充料　聚酯填充料是为金属产品的表面、汽车车体、机械设备表面的修补进行配制的，质地坚硬。用于填充范围小的绝缘区，并可刮涂在模型整个表面上，比较适合于木质模型表面的涂饰。

### 7.2.5　表面涂饰材料

模型表面涂饰材料主要分为两大类：第一类是手刷漆，手刷漆必须用刷子对模型的表面进行反复多遍的刷涂；第二类是喷漆，喷漆可以将调和好的涂料通过喷枪喷涂到模型的表面。与刷漆不同，喷漆不会留下刷子的痕迹。还有一种是选用喷罐漆。喷罐漆比喷枪的使用更简单，使用喷罐漆最大的局限是使用的颜色受到限制。喷罐漆很难找到完全合适的颜色，只能用在和喷罐漆颜色一致的模型上。

使用有光泽颜料的缺点是：任何微小的表面缺陷都会清晰地看见。尽可能使用无光泽的颜料，如果买不到无光泽的颜料，可在有光泽的颜色上最后再喷上一层无光的透明层。

## 7.3 木模型的制作技法

### 7.3.1 切割

与裁切其他材料不同，在木材加工过程中，最重要的是在切割时对木纹和纹理方向的把握。在切割木材之前，重要的是先考虑对材料的切割是与木纹平行、倾斜还是垂直。

对于平行于木纹的切割，切割难度不大，而倾斜于木纹纹理的切割，会使刀刃处在不同的纹理方向。垂直于木纹的纹理，切割就比较困难，而且在切割后，会使木材的截面产生粗糙的边缘。所以对于不同的材料就要考虑选用不同的切割工具和方法。

使用刀具　应根据不同厚度和硬度的材料来选择刀具，如图7-31、图7-32所示。木材越薄、越软，刀具的刀刃也必须越薄。厚的刀刃会使切割线周围的木材变形。要给刀具施以较小的压力，使刀具能够重复地切割同一凹槽，而不要一次施加太大的压力。仔细地将直尺放置平，在刀刃向下运力时牢牢握紧它；在切割接近完成时，要减少刀刃的压力并持续按住尺子。

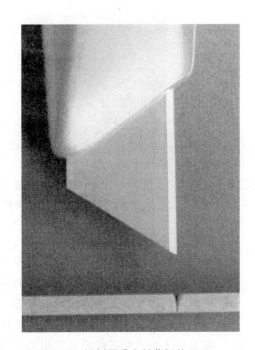

图 7-31　切割软质木材薄板的刀刃　　　　图 7-32　切割硬质木材薄板的刀刃

用锋利的刀具可切割薄的硬木片和木条。切割圆木棒时要在刀刃下不断地转动木棒，使刀刃绕着圆周进行切割，这样做能使切割后的切口整齐平顺。对于正方形和长方形的木条，要对木材的四边进行切割，以保证精确地垂直切割，防止木材断裂，留下不均匀的边缘。

使用锯子 第一个要考虑的因素是锯条刃口的厚度，或称截面。锯条刃口的锯齿深度决定了木材在加工木料断面的粗糙程度。对于软的木料和制作精确的部件要选择较薄的锯条。

在木模型制作中最经常犯的错误是：在锯硬木料时给锯子施加非常大的压力，这样反而增加了锯料的困难。锯子自身的重量对于锯切木料已经足够了。拉动锯条的行程应该接近锯子的长度并且速度均匀。锯到最后时应该慢而坚定，同时用另一只手扶着废料，这样木材就不会在最后锯断前劈开如图 7-33。

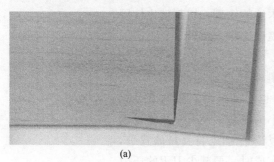 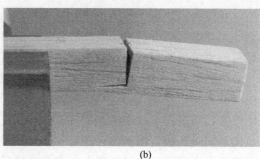

(a)　　　　　　　　　　　　　　　　　　　　　(b)

图 7-33　在锯断前木材劈开

图 7-34　要精确地锯开硬的木条，应在锯之前
先在木材的 4 个面上轻轻地锯一下，作为记号

### 7.3.2　制作圆形

制作木质圆形的操作，一般应用在产品模型制作过程中的小部件或细节制作部分。对于带圆角的大体量的形体，建议使用其他材料。

选择截面能容纳下所需圆形的木条。如果所需要体积和半径较小，选用硬木比选用软木好，这样后期的整饰工作比较容易。

在木材上画出所需的形状，用刀子切断，如果是硬木或厚的软木的话，则需用锯子锯断。

可以用刀具先削出斜面，检查斜面的尺寸，而且必须能包容圆的直径。

用砂纸（60 到 100 目，根据木材的硬度和要去除的加工余量来选用）圆整斜面。用 200 目或 300 目的砂纸整饰最后的表面，如图 7-35、图 7-36 所示。

图 7-35　制作小圆形的 4 步过程。从左到右：锯出的
木块、锉后的带斜面的木块；带斜面和圆整的边；
用 200 目或 300 目的砂纸打磨

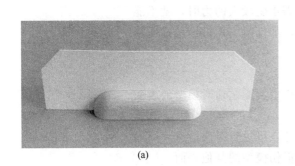

(a)

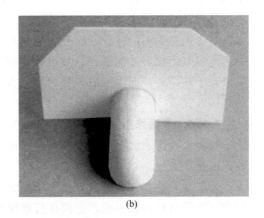

(b)

图 7-36　用负形的纸模板检查圆形的半径和侧面形态

### 7.3.3　制作榫

榫是联结木材不同部件的重要方法和构造，榫的类型和联结方法，
有多种多样，应根据不同的联结目的进行选择。

制作榫的操作，应在木材上画出所需的榫和相应榫孔的尺寸，用锯
子和凿子分别进行精确的加工，如图 7-37、图 7-38 所示。

图 7-37　不同榫的装配图

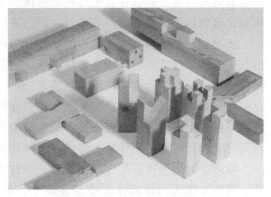

图 7-38　制作完成的不同的木榫

### 7.3.4　装配模型

在装配模型的各部分部件时，使用不同的辅助措施和工具很重要。
不同种类的辅助措施和工具（装配方案、支架、曲尺），会减少模型装

配中产生的变形。在装配过程中，虽然各个部分的几何尺寸可能从一个角度看是正确的，但是当以不同角度观看模型时，就会发现装配时也会产生缺陷，并且很明显。

除了黏结剂本身的作用外，在模型胶粘时要考虑两个重要的因素：其一是加大接触面积，彻底除去胶粘表面上的尘积物（尘土、湿气）。要粘接的模型越重、材质越硬，这点也就越加重要。例如纸张相对比较容易粘接，粘接金属就困难多了。有些黏结剂（如白乳胶）比较容易使用，允许有些小的过失；有些黏结剂（如环氧树脂）则需要更准确的操作和耐心细致的工作。

其二是对于受力大的物体，接触面上应该多用一点胶来增强黏着力，对于模型的不同部分，应分次序先后进行粘接，后序的部分应在前一个连接点固化后才能进行。如果模型胶粘需承受较大的力时，就不能只依赖于黏结剂，而要采取另外的粘接方式，如榫接、销钉定位或互锁的连接方式。

### 7.3.5　表面修整

对将要进行表面处理的木模型，应该在模型装配之前对模型的表面进行填充和密封。

为了有效的整饰表面，以便后续喷漆上色，可进行多次填充。填充料应该比模型材料软一些，否则在打磨时会损伤模型的其他表面。

在填充完所有的缝隙或表面后，如果木材的纹理还很清晰，要逐次用细砂纸进行打磨处理。

虽然这个过程可能看起来麻烦，但只要耐心、细致地作业，就能取得很好的成效。

### 7.3.6　表面着色

如果对木模型的表面修整能合理有效地进行，着色就很容易了。模型表面处理的质量高低在着色时就会显现出来。着色之前模型存在的缺陷就是着色以后能见到的不足之处，因为涂料并不能覆盖模型的缺陷。

表面着色是一项复杂而细致的工作。着色过程中涂料会释放出有害的气体。如果可能的话，应在室外进行，但是不要在潮湿或刮风的天气里进行作业，也不要直接在阳光下着色。

在开始着色之前，应彻底去除模型表面的粉尘。在与模型材料一致的废弃材料上试喷，以检查所使用的涂料的质量、稀稠程度、与密封材料是否会起反应等，记住要先将颜料搅拌均匀。

喷罐漆的压力比空气压缩机柔和，颜料浓度也较稀，需要多次地喷涂，颜料才能均匀地覆盖在模型表面上。多次薄喷可以提高喷涂的质量。对于某些涂料例如黄和橙色的漆，由于其覆盖能力差，需要更多的喷涂次数。

漆层太厚，会造成颜色流淌，很难处理去除。在对模型的表面喷涂两层颜色后，应该还能看到下面的表面材质，还有一定的透明度。

在每一次喷涂的漆完全干透后，用 400 目的砂纸轻轻打磨一下模型的整体表面。如果表面处理不好，打磨不平，在第一次喷涂后将会暴露出表面的不足和缺陷，但可以稍微地进行修补。涂层之间的打磨，有助于使模型的表面装饰更为精美。

## 7.4　木模型制作案例

一个精美的烟斗架，其制作过程如图 7-39～图 7-68 所示。

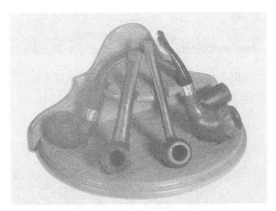

图 7-39　这是一座精美的烟斗架，烟斗架是由优质红木板加工而成，表面涂饰透明亚光硝基漆

图 7-40　制作这座烟斗架需准备的主要材料是：红木板和作为型板的两块厚度分别为 5cm 及 3cm 的夹板

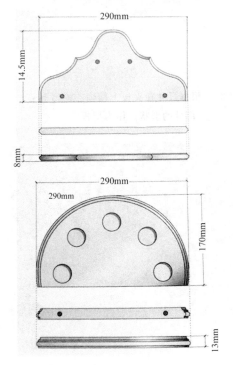

图 7-41　先在图纸上画出底座部分尺寸图

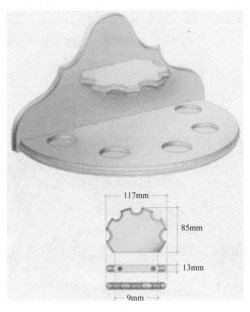

图 7-42　再画出上架部分的尺寸和立体的装配图

图 7-43　根据尺寸先在夹板上精确的画出底部
　　　　　部件的形状，作为型板

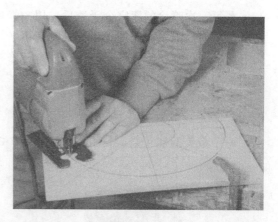

图 7-44　用手电锯将型板精确的锯切下来

图 7-45　锯切下来的底部型板

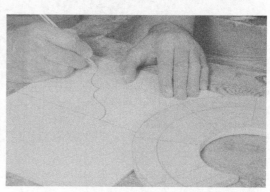

图 7-46　根据尺寸在夹板上精确的画出上架
　　　　　部件的形状，作为型板

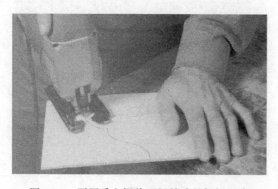

图 7-47　再用手电锯将型板精确的锯切下来

图 7-48　用锉对型板的边沿进行细心的修整，
　　　　　注意不能破坏型板的尺寸

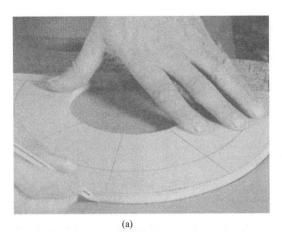
(a)

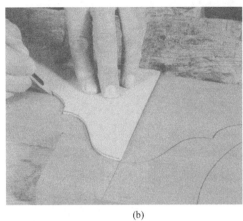
(b)

图 7-49　将修整过的型板的形状，分别细心拷贝到厚度
符合要求的红木板上

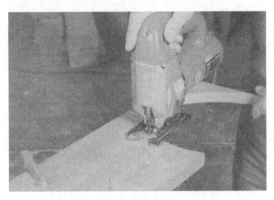

图 7-50　用手电锯精确的将红木板上的
部件锯切下来

图 7-51　将修整过的上架部分的型板，细心拷贝
到红木板上，在需要打孔的部分作精确的定位

图 7-52　选择尺寸合适的钻头，用手
电钻在部件上精确的钻孔

图 7-53　用手电锯切除部件上多余的部分

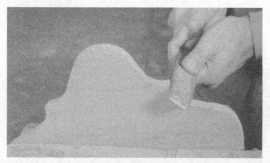
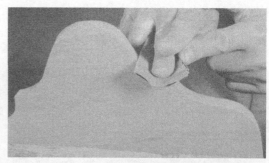

图 7-54　用锉刀修整边沿和表面　　　　图 7-55　用砂纸精心的修整部件的边沿和表面

图 7-56　在底座和上架的装配部位画出作为
连接榫的孔的位置

图 7-57　用手电钻在装配部位打孔，
孔要打得精确和垂直

图 7-58　为了使部件相互连接，准备一些直径
略大于孔的圆木棒作为连接的榫

图 7-59　用电钻接上尺寸合适的平钻头，
钻铣出底座表面上圆凹半孔

图 7-60　经加工后的部件

图 7-61　用砂纸对部件进行细致的打磨，
打磨时砂纸的型号应由粗到细，
通过打磨使部件的表面细腻平整

图 7-62　对部件的表面进行清理，除去浮尘，
然后涂饰上透明的漆料

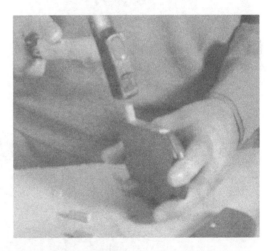

图 7-63　将作为连接用的圆木棒小榫，一头
醮上一点白乳胶，然后钉进部件一方的孔内

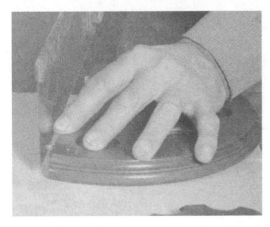

图 7-64　留下一定的长度作为联结榫，
将多余的部分切除

图 7-65　在要连接的另一个部件的孔内涂上少许
白乳胶，然后将带榫一方部件插进孔内

图 7-66　在要连接后的部件上垫上一块干净的木块，然后用锤子阁着木块，将两个部件轻轻敲合

图 7-67　对于体积较大的部件，连接后可以用 C 型夹，将两个部件夹合

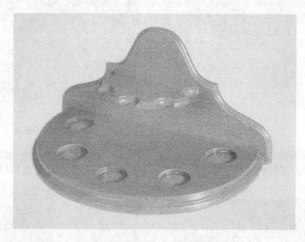

图 7-68　装配完成后的烟斗架

# 第8章 纸模型制作技法

- 纸模型概述
- 纸模型的材料及加工工具
- 纸模型的制作方法
- 纸模型的制作案例

## 8.1 纸模型概述

在现实生活中，每天都要接触到各种各样的纸，如各种书籍、报刊、包装纸盒、纸币等等。除此之外，纸还能用来制造日常生活中的日用品，如纸伞、纸扇、纸巾，纸绳、装饰壁纸、纸板家具等。

由于纸有着不同的应用目的，因而也就产生了不同类型的纸。根据纸的用途，基本上可分成三个类型：

① 印刷用纸（新闻纸、白报纸等）（照相用纸、印相用纸、复印纸）；

② 包装用纸（白板纸、瓦楞纸、牛皮纸、马粪纸等）；

③ 特种用纸（装饰用纸、过滤纸、卫生化妆用纸、油纸等）。

不同类型的纸有着不同的性能特征，如包装用的瓦楞纸、牛皮纸与一般用的书写纸在强度、透明度等方面有着很大的差异，所以本章所研究的纸的性能和特征是指一般纸类与其他材料的性能特征相比较而言，也就是仅指一般纸类的共性而言。

一般的白纸，有着洁白、细腻、平整、轻薄的感觉，因而用纸造型能创造出整洁、精巧、挺秀的美感。但纸的抗水性能差，遇到水或潮湿，纸的质地会变得松软，表面起皱。因此，在纸的加工中如需要粘接时，尽可能使用含水量少的黏结剂。此外，纸还有以下两个非常重要的性能特征。

（1）可塑性

纸有着很强的可塑性。一张薄纸，如果用手把它使劲一揉，就能塑成一个纸团，这个纸团就很难再回复成原先那样一张平整光滑的纸了。这就是纸具有可塑性的缘故。利用纸的可塑性，采用不同的加工方法，可塑造出不同的形态来。但是，由于纸的种类不同，其可塑性有着很大的差异。所以对不同厚度的纸，加工的方法也不一样。另外，向纸的外侧引拉就会发生撕裂的现象。反之，向内侧的压挤，就会发生折皱的现象。

（2）强度

纸是以木材、竹材或其他植物纤维为原料，加工制成的。可以成为模型材料的有各种类型的成品纸和各类硬纸板。纸的质量以 $g/m^2$ 通常把质量小于 $250g/m^2$ 的称为纸，大于 $250g/m^2$ 称为纸板。纸材易于裁切但延展性差。利用这种特性，在设计过程中常被设计师用来制作设计初期的研讨性模型。

纸制的模型，适合于大部分外观形态比较单纯、简洁、形态凹凸面变化不大的设计对象较为合适，同时纸是一种廉价的模型材料。纸有一定的强度，所以人们常常把纸做成纸盒来保护商品，甚至有人用纸做成椅子。

不同类型的纸其强度不同。但是，就同一种纸来说，由于其加工后形态的不同，所表现出来的强度也不同。由于这一特性在具体造型中所表现出来的情况是很复杂的。因此，在纸模型制作的过程中，必须充分考虑这些因素，使完成后的形体达到应有强度。

对于模型制作来说，可供选择的有多种类型的纸和硬纸板，一般来说模型制作只用到其中的几种。由于纸的品牌和名称在称呼上不同，所以前面只给出若干品种作为例子。但任何纸或纸板，只要它们的性能接近（叠层、表面肌理、色彩），就可以供模型制作使用。

## 8.2 纸模型的材料及加工工具

### 8.2.1 材料

（1）单层纸（厚度约 0.25mm）

可作为各种模型的修饰用材，也可以制作各种体积非常小的模型，包括研讨性模型。适用于模型的平整表面，有多种色彩可供选择，单层纸弯曲性能好，也是纸模型面饰的优选用材。

（2）双层纸（厚度约 0.32mm）

适用于各类小型模型、各种即时性研讨模型和带有弯曲表面的模型。有许多产品适用于中型而有平整表面的模型。高白度，质地柔和，具有较好的弯曲性能。薄而质地坚挺的纸，对于制作各类中型尺寸的纸结构模型是最好的材料。

（3）三层纸（厚度约 0.4mm）

厚纸板，适用于大多数纸类模型。是表面性用材和结构性用材的最佳选择，有亚光及其他色彩，几乎适用于多数纸模型的制作。

（4）四层纸（厚度约 0.6mm）

非常厚的纸，适用于弯曲少或不弯曲的大、中型纸模型。有黑色、白色，及其他颜色供选择。是纸模型制作平整的成品用材和结构性材料。它适用于面积相当大的平整表面，不易弯曲，不宜用于半径小20mm 的曲面。

（5）照（像）相纸（有双层和三层）

适用于外表光洁度较高的纸模型，以及各种表面的修饰。照相纸的表面极易刮伤，在粘接时要非常小心。在粘接过程中，挥发性胶液极易损伤纸的表面。相纸属于白色纸类，其成型后的交界边缘也为白色，不同规格的纸材如图 8-1 所示。

图 8-1　不同规格的纸材

（6）硬卡板（厚度约 0.8～1.6mm）

适合于制作模型的结构部分和大面积平整面的模型表面，不能用于模型形态半径小于（65mm）的弯曲表面。

粗纸板，由于没有精整的表面，只能适用于结构部分。尤其适合制作大型研讨性模型的内结构，可快速有效地检验模型的大体形态、比例的均衡、结构的协调关系，不能用于精细模型的制作，因为用刀切后会产生不平整的断面。这种纸板表面粗糙、疏松，在粘接时应特别小心。

（7）泡沫芯板和瓦楞板（波纹板）

这是一种多用途的材料，普通的夹心板，是以聚苯乙烯或聚氨酯泡沫薄板双面覆盖上白色纸板制成。聚苯乙烯较易曲折，聚氨酯覆上厚纸则比较结实，不易曲折。

泡沫夹心板尤其适合建造各类快速模（板）型，结构性粗坯和作为中等或大型模型的结构用材。甚至可做成 1：1 比例的大型模型。其质地松软易切，易操作。当要求一定精度时，只要采用相应的技术和足够的耐心，它大大优于硬卡板纸，它甚至可被用于各类带弯曲的形态。

波纹板，由于表面不精整，适用于大型结构粗坯模型，来快速有效的检验模型的大体形态，比例的均衡和结构关系，不适合于精细模型制作。因为用刀切割后会产生不平整的空心断面，这种纸板表面粗糙、疏松，在粘接时应小心，如图8-2所示。

### 8.2.2 工具

（1）刀具

在许多可用的刀具中，以下几种可作为切割纸、纸板和其他类型材料的基本刀具。它们能胜任模型制作过程中的不同作业过程，即从粗糙的加工到精细的刻划工作，这些刀具可以随时更换刀片，保持其锋利的刀刃，非常适合于准确的切割纸材。

（2）美工刀

适用于切割各类层纸、纸板和其他不同厚度、坚硬的材料，是一种简便、结实、多用途刀具。其宽厚的刀把经得起各种作业过程的用力切割工作。这种刀子有不同类型的刀片供选择，包括带锯的刀片等等。

（3）可伸缩的美工刀

适用于多种轻型的切割作业。这种刀具轻便，刀片分段可折以保持刀口的锋利，无需经常更换刀片，刀把用塑料和金属制成，适合于精细的作业。尖利的刀锋可灵活用于切割片状材料、小面积作业区域的刻划和各种细节操作，如图8-3所示。

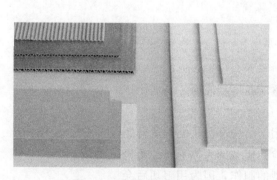

图8-2　泡沫芯板和瓦楞板

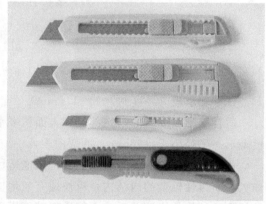

图8-3　不同种类的刀具

（4）剪刀类

在模型制作中有两种类型的剪刀最常用。

① 直刃剪。适用于剪裁大中型的纸材，在制作粗模型和剪裁大面积圆形时尤为适用。在剪裁过程中，其不对称的把手能使手有效地避开遮挡，但不能使用这种剪刀去裁剪坚硬的板材。因为所剪的材料边缘不整齐，刀刃也很快会变钝，如图8-4所示。

② 弧形尖剪。适用于剪裁薄片状物品和各种带圆形的细节，以及直径大于35mm的圆孔。不适合剪裁三层以上的厚纸板或直边，如图

8-4 所示。

（5）冲孔器

冲孔器是一种快速而精确打孔的工具，如图 8-5 所示。在纸模型的制作中可以根据不同的孔径选择不同的冲孔器，它能胜任精确和快速作业的需求，适用于直径 3～14mm 的圆孔。有不同规格的冲孔器，但需要相应的冲压力量才能冲透纸。

冲孔器必须保持非常锋利，否则冲出来的孔或圆的边缘将不均匀。注意，即使是新的冲孔器也不可能长久地保持锋利。可以用 400 目的防水金刚砂纸进行修整。有金刚砂的一面向外，卷成小卷，伸入冲孔器的管内壁旋转研磨，然后将砂纸面向内卷成管状，绕着冲孔器研磨外壁，直至达到锋利的要求为止。

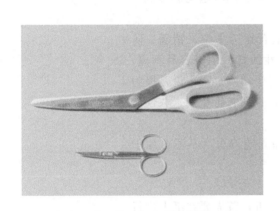

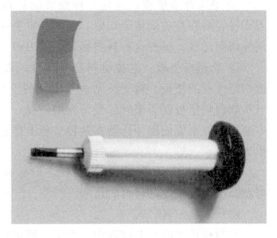

图 8-4　直刃剪（上）弧形尖剪（下）　　　　　图 8-5　冲孔器

（6）圆形切割器

适用于切割直径在 18～170mm 之间的圆。可以以一点为中心，在纸上精确切割各种大小圆形。也可以同时产生圆孔和圆形，以及适用于切割各种宽段的圆环，这种工具是一种便利和精确的切割工具，如图8-6 所示。

（7）直尺

在模型制作中应选择有一定重量的直尺和三角板作为度量工具。金属类的尺子在度量和对材料的切割中是首选，它们能够有效地避免因切割过程的用力而使切割材料产生位移。最好选择背面带有软木或橡胶的尺子。对于那些背面不带防滑材料的尺子，也可以用双面胶带在尺背面粘上一块橡皮或软木片来起防滑作用，如图 8-7 所示。

（8）切割垫板

在模型制作过程中应避免直接在作业桌面或在其他没有保护措施的工作台面上切割材料，因为哪怕一点点压力都会对这些台面造成永久性的损害，所以应根据不同的需要选择切割垫板，如图 8-7 所示。

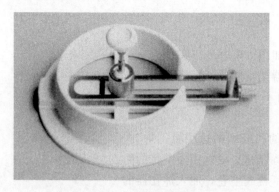

图 8-6  圆形切割器　　　　　　　　　图 8-7  垫板、金属三角板、直尺

① 绝缘纤维垫板：这是一种便宜的材料，但必须经常更换，因为刀刃极容易在其表面留下切痕，如不经常更换，在切割时这些旧刀痕会误导切割过程，另外这种材料容易弄钝刀刃。

② 软塑料垫板：这种材料富有弹性，极适合作为平整、精确、防滑切割作业的垫板。对于贴粘在其表面的带黏性的材料也极容易剥离，有些软塑料垫板在买来时已经带有划格线，这对于切割过程来说是极为方便的。但不要使用冲孔器在这种垫板上作业，否则它将受到永久性的损害。

③ 玻璃垫板：表面不容易损伤，但易碎和弄钝刀刃，不适合用于对胶合板，胶木等硬材料的切割。

（9）划线工具

在制作模型的作业过程中，为了对纸进行弯折，首先要在纸上进行划痕加工。有许多划线工具供选择，同时应根据所需要弯折的半径选择适当的规格。

锥子，类似于定点工具，使用这种工具在纸的表面进行划痕时不要成垂直状。其他如圆珠笔（无墨水）、铝的毛线针、磨成尖头的金属细棒等都是很好的划线、划痕工具，如图 8-8 所示。

（10）定点工具

当塑料片材或金属片材需要用圆规作业时，就需要用到定点工具，用不同的角度倾斜或垂直定点，可在作业面上产生不同的效果。

（11）固定和夹持类工具

在模型的粘接，装配的操作过程中，模型的不同部分必须用夹具将它们固定在一起才能进行作业。在制作之前先装配一个工作台面，能够有效的根据模型制作过程中的不同需要，对需要粘接的形、边、角有选择的施以适当的夹持、钉、粘接等手段。必须根据模型制作中形的尺寸和形态，以及所使用的材料来选择合适的工具。在粘接的过程中应避免手持模型，一方面不稳，同时会污损纸面。以下是最常用的工具，如图 8-9 所示。

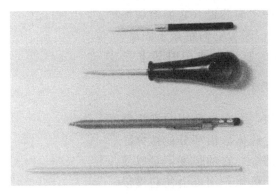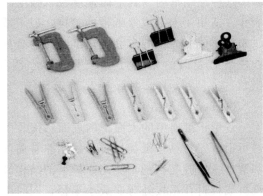

图 8-8　各种划线工具　　　　图 8-9　不同类型的夹持工具

- 缝衣针
- 发夹（金属或塑料）
- 钉子（大头针，图钉等）
- 纸夹
- 纸钳
- C 型钳
- 钳子（直嘴和弯嘴钳）
- 其他工具（各种在粘接过程中能以重量来压镇的书籍、镇铁等）

（12）黏结剂类

黏结剂类包括各种胶水和胶带，黏结剂的选择取决于对所制作模型的材料，干固的时间，干固后的颜色，以及对模型材料作用的全面考虑，如前面图 6-18 所示。

（13）白乳胶

白乳胶是一种多用途的良好粘接材料，能适用于多种纸的作业，是一种最常采用的材料，其干净、干后透明和无光泽的特性对纸模型的作业是非常重要的。其他许多高性能的胶类材料干燥过程要么太快，要么太慢，而且往往会污损纸的表面。

白乳胶是聚醋酸乙烯酯树脂和水呈乳胶状的聚合物，作为水基质的胶液，在纸上使用必须格外小心。

（14）胶枪

胶枪对模型的结构性作业是一种优选的工具。特别适用于大面积的泡沫芯板和波纹板的粘接。固体胶棒在枪内被加热至熔融状，然后被送至枪嘴。胶很快就凝固，不需进行压固，粘接强度非常高，同时可以选择不同质量和强度的胶棒材料，以满足弹性或刚接的要求，如图 8-10 所示。

由于较难控制胶从枪嘴射出时的状态，胶水容易造成模型表层的污损，所以建议将它用于以后将要覆盖表面的模型结构部分。

（15）502 胶剂

这种黏结剂因为其干固速度快，强度高，非常适用于模型结构的制作。适用于卡纸或厚纸板的粘接，但不适用于泡芯板（它能溶解泡沫塑料）或有光纸（它会破坏纸光泽的表面），因为它们粘接干固后，在模型的表面的粘接点会产生光泽和明显的胶斑，使用时要非常谨慎。

（16）橡胶黏结剂

适用于纸模型的大面积的表面粘接。例如，当在大面积的泡沫塑芯板上覆盖、粘裱纸类材料，使用非常简便，胶体溢出部分能被擦除和清理。橡胶黏结剂不能用于模型的结构性部分，它的强度不足以使纸材或板材在粘接处弯曲成小半径，同时由于氧化作用也会使它慢慢失去黏性，粘接性不能持久，粘接部分在材料持续张力下不久就会脱开。

经过一段时间后模型的许多部分就会慢慢开始剥离和脱落。

（17）喷罐胶

适用于类似橡胶黏结剂的使用场合，也不适用于结构性和永久的模型对象。但比橡胶黏结剂更容易使用，但也较易产生污损。

适用于材料粘接前的大面积喷胶，在带有颜色的纸类和有光泽的纸材上进行作业比橡胶黏结剂安全。

（18）各种类型的胶带

有多种类型的胶带适用于模型元件的临时性组装或永久性组装，如图 8-11 所示。由于其胶质与黏结剂的关系，不是所有类型的胶带都能够用于模型的表面和适用于不同厚度的纸或纸板。

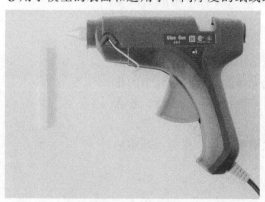

图 8-10　胶枪和胶棒

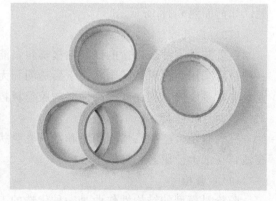

图 8-11　不同宽度的双面胶带

① 透明胶带纸。这种材料极少用于模型制作，因为其最终会变黄和脱落。因此只适合用于临时性作业，由于它的光泽性，只能用于有光泽的纸面，如图 8-12 所示。

② 透明聚酯胶带。是一种极其透明几乎看不见的带膜覆盖于醋酸有光纸上。特别适用于模型的后期阶段和精细的作业，它比透明胶带纸更透明，更具抗氧化性，有更好的黏附性。适用于多种无光泽表面，以

及用于加强模型强度的永久性粘接。

③ 低黏度透明胶带纸。非常容易揭开而不损伤纸面，适用于临时性的牵制和粘接，特别适用于胶粘接过程中的模型局部牵制。使用时应注意不要用力捻胶带，在揭开的过程中要慢而小心，以保证不破坏模型的表面。

④ 泡沫双面胶带。这种材料较厚不适合作为纸与纸的粘接。它的粘接强度高，非常适合于卡板纸对卡板纸、或者其他厚的材料的粘接，如图 8-13 所示。

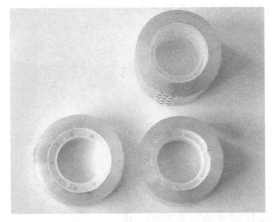

图 8-12　不同宽度的透明胶带纸

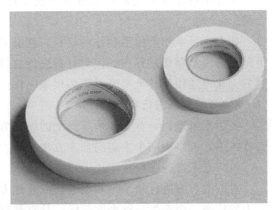

图 8-13　不同厚度的泡沫双面胶带

图 8-14　各种规格的黏性即时贴

⑤ 黏性即时贴。有丰富多样的色彩、肌理的成品材料：包括有光泽、亚光、木材、大理石、布纹和各种仿金属表面材质，并有各种规格的成品供选择。非常适用于模型实体表面不同的部分对各种金属或镀铬效果的模仿。这些都是一般纸类所没有的，能在被使用的各种比例的模型中产生非常真实的效果，同时这种材料适合在大面积的纸面上进行覆盖，如图 8-14 所示。

## 8.3 纸模型的制作方法

在开始制作模型之前，思考整个模型制作的过程与步骤是非常重要的。

如果选择纸作为模型制作的材料，就必须首先去了解这种材料。以下是在纸模型制作过程中如何对材料进行总体考虑的过程，这种思考问题的方式也适用于其他类型材料的模型制作。

### 8.3.1 对纸进行操作

要用纸来造型，首先必须掌握纸的加工方法。要使一张平面的纸具有立体感，有以下两个主要的加工方法。

（1）对纸进行表面加工

对纸的表面进行加工是利用工具或其他方法，使纸的表面改变原来应力的状态，而产生一种表面起伏，具有某种纹理感觉的加工方法。这种表面的纹理在一定的光线下，可以通过视觉能感受到。

这种纸的表面加工经常表现在处理模型的细节变化上，起到丰富模型形体、加强形体表面对比的作用。纸的表面加工大致可归为以下几个类型。

① 加纹：可利用刀背、竹刀、笔杆等工具在纸的表面进行刻划，使纸的表面产生具有丰富纹理的感觉。

② 起毛：可利用工具或手指，对纸的表面进行刮、抓、磨、搓等加工方法，使原来平整光滑的纸面产生不平的凹凸毛糙效果。

③ 黏附：黏附是在纸的表面刷上黏结剂，然后再在上面洒上细小的颗粒，如细沙子之类的东西，等黏结剂干后，这些颗粒黏附在纸的表面，产生出具有丰富肌理的效果。

④ 凹凸：凹凸是利用纸的可塑性能，加工时，将纸放在平整的桌面或玻璃上，然后在纸的背后垫上具有凹凸起伏纹样的物品，再在纸的表面进行挤压（如纸张较厚，可将纸先喷湿或加温），使纸的表面产生出具有明显凹凸的纹样。

⑤ 层叠：层叠是利用纸本身的厚度，将纸一层一层粘合起来，起到增加厚度和强度，表现体积的目的。

（2）变形加工

变形加工是利用纸的可塑性能，使平面的纸具有立体效果的主要加工方法。纸的变形加工大致可分为以下几种。

① 折——塑性变形。

折是利用纸的可塑性能进行表现的一种最常见、最主要的加工方法。

一张平面的纸，它本身没有立体感觉，但经折叠之后，就产生了两个面，因而就形成了立体形态，通过纸折叠而形成的立体形态，具有体积感强，明暗对比强烈，形态肯定等特点。

为了使纸折出来的形态具有整洁，挺拔等美感，在折叠之前必须对纸进行刻划，先在纸上画出所需要的折线，然后用刻划工具轻轻地在折线上划痕，切痕的深度最好为纸张厚度的二分之一左右。太深了容易把纸折裂，太浅了效果不好。划好折痕后再慢慢开始折叠。折纸时如果折向切痕的相反方向，纸就容易破裂。

② 曲——弹性变形。

曲是利用纸的可塑性和弹性，表现纸曲面美的一种加工方法。

用"曲"表现出来的造型，形态转折细腻，明暗关系丰富柔和。能给人以一种流动、充满弹性、柔和轻快的感觉。

"曲"的加工方法大致可归纳为以下三个类型。

· 弯曲。在纸的相对应两边用手或工具向中心挤压，就产生了拱形似的纸的弯曲，这种表现方法称为弯曲。

由于纸有弹性，当手松开时就会恢复到原来平面的形状。因此，在加工具有弯曲面的形态时，必须进行预先的卷曲成型。

· 卷曲。将纸或纸条卷在圆形的木棍上，向同一方向搓动或将木棍、笔杆在纸的中间来回滚压，纸由于受到压力产生了变形。

· 折曲。实际上是折和曲二种方法的混合使用，要做折曲的练习，必须先在纸上画好折曲线，再用刀片或划刻工具按折曲线轻轻刻痕，然后才进行折叠。注意在画折曲线或刻痕时，必须借助尺子、圆规、曲线板等作导轨，这样折出来的形态才能线条流畅自如，轮廓清晰优美。

要使一个用纸材制成的模型能够很好的表达产品的设计意图，只有在制作模型的过程中小心谨慎才能达到。一个精细的模型应该具有整洁和流畅的线形、分明的轮廓，一件污损或不整洁的模型将给人以廉价的感觉。

应该注意的是，不是所有的形态都可以通过纸的造型来表达，纸毕竟只是一种象征性的替代材料，不是产品最终生产所采用的材料。为此，要用纸来表达设计中所有的细节是不可能的。

作为设计师在制作模型时应该加以恰当的选择。如某些形态和不同半径的孔及曲面转角，如果用纸来制作的话就必须慎重考虑。这就意味着要考虑所制作的模型与纸的自然属性应相符合，才能发挥纸的最大潜能，以制作出形态美观的模型。

决定该模型表面采用什么材料取决于许多因素。如果模型仅是一个研讨草模，采用易加工廉价的材料是首选。因为在整个模型的设计制作过程中，模型表面的材料只提供给设计者对产品整体形态或结构的研讨。

另一方面，如果制作的是一个表现性模型，就必须通过模型制作的过程，来展现出设计对象富有含意的各种设计细节，制作的焦点则应集中在能表现形态设计的美感方面（如刻度盘，分格，大的平面或形体的曲线特征等）。如果模型表现的目标是要强调设计的功能性特征（如便于运输携带、可视性、便于组装等），那么单纯地强调这些功能、结构特征的表达要比去表现产品形态的其他特征更重要。

如果某些模型简化有碍于对产品设计的评价，解决的办法是制作二个模型，一个是以强调美感要素为主的模型。另一个是以强调功能结构要素为主的模型。两种模型都可以用相应的材料来表现相应的设计概念。

一旦决定了模型要表现的概念或细节之后，设计师就必须考虑模型的构成是否要由多个形体来组成。如果是，就应该将模型分成若干个较简单的组件或几何形体，每个部件都可以被分开制作，然后再进行组合。这种解决问题的步骤有三个优点：

- 制作简单的几何形态比制作整体复杂的形态来得容易和快捷；
- 如果在制作或设计中一旦出现错误不需将整个模型废弃；
- 可以有效的安排制作过程。例如，当某一部分正处于胶结过程，可以同时制作另外的部分。

当然一个模型的成功还取决于模型的尺度。模型的尺度决定了一个模型是否需要去表现设计对象的内部结构，这是非常重要的。

大型模型的内部结构应该用泡沫塑料或粗纸板作为支撑材料，然后在表面裱上单层或双层的纸。

小型的模型则可以用双层或三层的纸来作为支撑，它们不仅是作为支撑结构用材，同时也是最终的模型表面用材。如果所制作的模型要求有特殊的表面质地（光泽、镀铬等），在这种情况下即使是很小的模型也需要内部的支撑结构。因为这些表面材料本身太薄，不能起到支撑自身形态的作用，除非非常小的模型，所有的表现性模型都应以塑料泡沫作支撑材料，然后在模型表面裱上纸，这样才能有效地保证模型制作的精确性、模型表面的平整性和对各种曲率的圆弧进行控制的作用。

纸是一种富含纤维纹理的材料，在生产中要经过滚轴定型。在定型过程中，纸的纤维被滚轴拉直和展平，因此会产生带方向性的纹理。在模型制作过程中要取得柔顺的弯、曲、折叠就必须顺着纸的纹理方向进行加工，而不能垂直于纸的纹理方向。纸的纹理方向可以通过弯折的方法来鉴别，如图 8-15 所示。

### 8.3.2 草图

虽然在模型制作的过程中较少涉及到绘画的技巧，但草图在模型制作过程中起着重要的辅助作用。草图可以是模型各个方向的视图。而在多数情况下，草图展示的是模型各个面的各种重要细节、尺寸以及各种曲面的展开等。

草图所表达的设计细节一旦被确认，下一步就是在纸上进行剪切、弯折等加工，为了加工的精确性，必须在加工的部位用铅笔轻轻画上标记，当然这些标记应该画在纸的边缘处，才不会在模型的表面留下污痕。

### 8.3.3 剪切

由于纸本身就是一种成品材料，所以在剪切纸的过程中要特别小心谨慎，不要划伤和损坏纸的表面。

要根据所选用的纸材料来选择刀具和刀片，并善于掌握刀具的使用方法。刀具的切口要干净利落，要保持刀刃的锋利和干净（不要有胶粘在上面）。钝的刀刃会拉伤纸的表面。同时要使用直边并带防滑的尺子进行划线，否则在切割过程中刀一用力，尺子就容易滑动。切割过程一开始，就必须保持刀刃与纸垂直，不能左右倾斜。对于较厚的纸或泡沫塑料材料，倾斜的刀口会导致材料切口的偏斜。如果切割的是块体材料，则会造成上、下两面长短不一致。

对厚度多于一层以上的纸进行切割时，由于来自刀刃用力的关系，纸的夹层间会变形，往往会引起切割的边一面较整齐，另一面较粗糙。如图 8-16，粗糙的一面是紧贴切割垫板的一面，所以不整齐的一面在制作和装配过程中，应该朝模型的里面不要暴露出来。

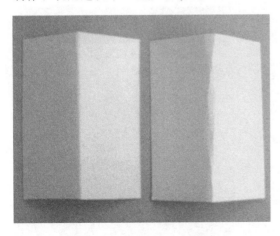

图 8-15　不同方向弯折的纸

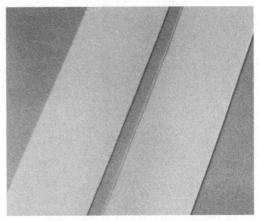

图 8-16　切割后的纸边

### 8.3.4 制作圆孔

对于孔径为 3～14mm 的小圆孔，应选择锋利的圆形冲孔器，再垫上两层卡纸保护，在绝缘纤维板或夹布胶木板上操作。

冲孔器会弄碎和损伤玻璃和软塑料垫板，它们都不适合作为冲孔作业的垫板。如果在纸板表面上覆盖有多层松软的纸（废报纸最好）制作的垫板上冲孔，能制作出类似在铁板上冲孔的特殊效果，如图8-17所示。

在冲孔前，先在纸上画出需要冲孔的圆，圆的直径要比实际的孔稍大一些，采用这种方法，在操作中能使冲孔器准确地居中定位。用铅笔划线要轻，以便在后续的操作中能轻易地擦除，应注意的是过分用力摩擦会破坏有色纸的表面。

孔径越大，操作时需要的力就越大。当孔的直径超过12mm时就需要较大的压力，可以用锤子或木棒敲击冲孔器，尤其重要的是在敲击冲孔器时，要保持冲孔器的稳定。如果在冲击的过程中一旦松动就会造成圆孔周边的不整齐。

冲好一个孔后，要将冲孔器内的碎纸取出，否则它将会阻塞和妨碍下次冲孔操作。

对于孔径大于14mm以上的孔，可以把刀片装在圆规上，或利用圆规锋利的针头反复的画圆来切出圆孔。对于较大的孔，用圆规在限定的边界内一遍一遍地划、割就越困难，中心点经过圆规多次旋转后将逐渐变大，并产生偏心现象，圆心过大就难以固定，划出来的圆孔也就不精确，为了解决这个问题，可以在圆的中心点上垫上一片纸或一层胶带。

当孔径超过35mm时可以用弧形尖嘴剪刀来剪切。

在用剪刀剪圆之前，先用刀子在要剪切的圆孔内切出一个小孔，使剪刀有一个切入点，这样做才不会因剪孔而产生变形。

圆形切割器非常适用于切割直径为18～170mm的圆孔，因为圆切

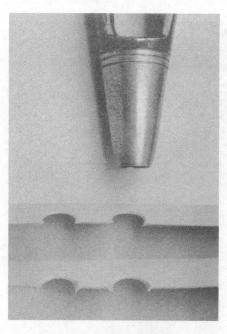

图8-17　不同形状的圆孔

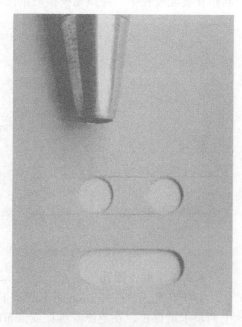

图8-18　制作圆角与直边的孔

割器不需要中心点，而且能够切割出非常完美的圆孔，是一种切孔割圆的便捷工具。使用时应该保持刀刃的锋利，同时在切割圆的过程中要使用垫板。在切割过程中最好将刀片做环绕状多次切割，因为一次用力旋转，要使切割时达到均匀的用力是很困难的。

制作椭圆、正方形、矩形、三角形等非圆形的孔，可以在纸上画出所要的形态后，利用锋利的刀片来刻划。如果遇上弧形的转角，应先用合适的冲孔器在转角处冲出圆后，然后再用刀切出直边部分。要领是先冲孔，后切直边，否则很难将孔与直边准确相切。

如果转角不是圆，可以用圆规脚针扎穿转角的拐点，然后再用刀一条边一条边的切出每一个角。

用圆规脚针刻划出来的孔或用剪刀剪切出来的孔有时会比较粗糙，当直边与圆相切的部分衔接不太柔顺时（椭圆或方形孔），可以用400目或600目防水砂纸进行修整。制作不同形状的孔如图8-18～图8-21所示。

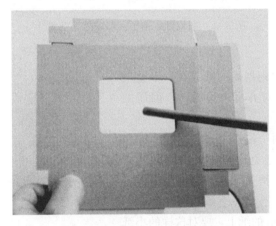

图8-19　对孔的边缘进行修整

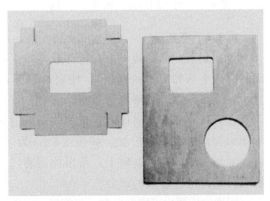

图8-20　制作完成的不同形状的孔

### 8.3.5　划与刻

划与刻最本质的目的是要削减弯折处材料的厚度。象金属板一样，当纸在被弯折时，转折部分就会产生一个弧形的倒角，甚至最锐利的折边也会有弧形倒角，对于厚的纸材更是如此。

对于不同尺度的倒角，制作时可以通过选择纸的厚度、刻划工具和对其表面的加工操作来取得。总的说来，越厚的纸，倒角就越大。

划与刻应该在纸的背面进行，这样可以在减少纸的厚度的同时不破坏纸的表面。

用圆规的脚针划刻1～3层厚的纸。用锥子在1～4层厚的纸上划刻，都能够产生非常小的倒角。在单层纸上用锥子划刻纸的表面，会产生比圆规针稍大的圆倒角。圆规的针不适合划刻四层以上厚度的纸，对于四层以上厚度的纸，这种划刻方法就显得太细了，因为在弯折时在纸外表的张力的作用下会引起断裂。

另外一种适合在纸上划刻的工具是铝的毛线针。但不要使用塑料制成的毛线针，它在划刻的过程中会由于摩擦发热会在纸上留下塑料颜色的划痕，并使毛线针产生轻微的弯曲。

划刻最理想的垫板是选择软硬适中的塑料板，对于过度与柔和的倒角，选择橡胶或发泡橡胶板最适用。各种划刻工具如图 8-22 所示。

图 8-21　对不同厚度的纸板进行弯折

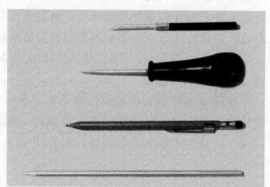

图 8-22　圆规针、锥子、圆珠笔、毛线针

### 8.3.6　弯折

对刻划后的纸，接下来的操作是弯折。把刻划后的纸放在一平整桌面的直边上（如桌子的直边），使划痕朝下，对齐直边边缘，上面压上尺子，就可以顺着划痕进行弯折。

在弯折小纸片的时候，在纸的转角处的两个端点上，会因产生的变形而引起两端轻微的折皱。如图 8-23，为了避免这种情况出现，可以在实际所需要的尺寸基础上，留出比需要尺寸稍大一点的划刻余量，弯折后再切掉两边多余的部分。

同样的问题也可能发生在一张宽度小于 10cm 的纸上，要对这样的小纸片进行弯折，最好的方法是取较长的纸进行弯折后，再裁去超长的部分。

### 8.3.7　制作圆边

制作圆边最困难的是制作倒角半径在 3～10mm 的圆边，为了取得最好的效果，选择双层最厚的纸，按着以下操作步骤进行。

① 在纸上标记需要弯折的尺寸，将纸放置在直尺与桌面之间，对齐弯折的边线，如图 8-24。

② 将纸放置在直尺与桌面之间，对齐弯折的边线，两边用 C 型夹夹紧。用湿布或湿海绵在纸需弯折的内侧区域抹上水，要细心操作，不要使用太多的水，以免损坏纸面，如图 8-25。

③ 用双手持纸，慢慢向上面的尺子的方向弯折，在操作过程中要不断变换手持的位置，手持纸的点不能在纸的二边或中间，而要不断的变换手的位置。在弯折的过程中，手经过的每一点的用力都要均匀，纸才不会因弯折而变形，如图 8-26。

另外一种方法是用一根与需弯折半径相同的圆木或塑料圆棒来帮助

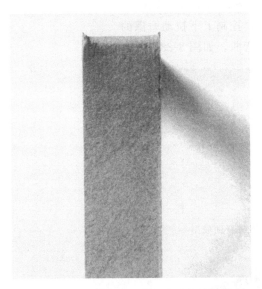

图 8-23　被弯曲纸片的两端引起的折皱

图 8-24　用直尺对齐需弯折的边线

图 8-25　用湿布在纸需弯折的内侧抹上水

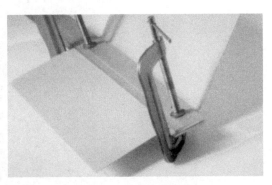

图 8-26　弯折过程中，用力要均匀

成形。这种方法的效果比第一种方法更好，也更精确。但是要求所用的木材或塑料棒圆弧的半径必须准确，如图 8-27。

　　将纸放在 2 把尺子中间，就像上面所说的那样，把圆棒放在上面一把尺子边缘处，并与之平行，慢慢的将纸向上弯折，要记住不断的变换手的位置。

### 8.3.8　对大半径圆边的预先成型

　　对于半径要求在 10mm 或 10mm 以上的圆边进行成型加工，与其说是弯折，不如说是弯曲更准确。在操作上要求进行预先成型。

　　对于半径在 10～20mm 的折边，可以选用单层或双层的纸；对于超过 20mm 的边，应该选用三层的纸。对于半径在 20mm 以下的弯曲使用三层厚的纸进行这样的操作，预先成型将不起作用。

　　将纸的背面与桌子的边缘平行对齐，在纸需要弯曲的部分，两边都画上标记，将标记的其中一条边与桌子的边缘对齐，两手各持纸的一边，上下拉动，使纸的背面与桌子边缘反复摩擦，控制上下拉动摩擦的部分不要超过弯曲的区域，反复的拉动直至纸变弯曲，如图 8-28。

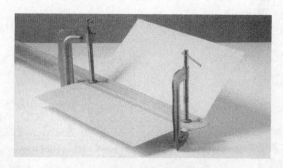

图 8-27　用圆木或圆棒来帮助成型

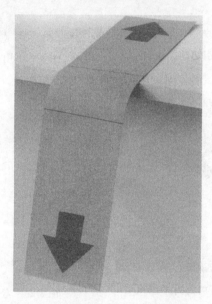

图 8-28　将纸的背面与桌子边缘反复摩擦

在此过程中手持纸的位置要不断的改变，变换两手持纸的不同点才能保证纸被完全的弯曲。

在拉动过程中拉力要均衡。当对三层或四层厚的纸进行操作时，过分的拉力将会引起纸的层与层之间的分离。最重要的是在前后拉动过程中一定要保持纸处于绷紧状态，否则，就会造成纸永久性的皱褶而不是弯曲。

当纸靠着桌子边缘被拉动时，靠桌子的一面会受到伤损或粘上桌子边缘的污物，有色纸会由于摩擦而发光，这一点在制作过程中应该特别注意。

为了取得较好的效果，应该用比实际需要大一点的纸，弯曲后再切掉多余的部分。

另外一种预先成型的方法是使用一个柔软的表面和一根圆柱形的棍棒，因为这样的成型工具在操作过程中不会破坏纸的表面，尤其对于加工的形态将作为模型可视表面时非常适合，如图 8-29。

在一块熨衣板的表面覆盖上一块 5mm 厚的软聚胺脂树脂就可成为一个很好的工作台面。质地坚硬圆柱形的棍棒就像一根普通的杆面杖，可以是塑料或是木质的，其直径不需要和纸所要弯曲的直径相一致，但尺寸要尽可能地接近。

在纸上标记出需弯曲曲面的开始点和结束点，将纸放置在柔软的平面上，将圆棒平行于纸边并使圆棒在标记的范围内前后滚碾。在碾的过程中要施加一定的压力，同时不断变换手的位置，避免某一区域受力过于集中。

对于以上所介绍的这些纸的预成型方法所形成的形态，如果没有某种形式的支撑，其形态是不会长久地保持下去的。对于小型的模型，可以采用将纸的边缘折起来的办法，或与模型的其他部分粘接在一起，如图 8-30。

图 8-29

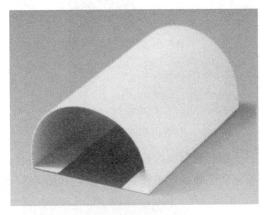

图 8-30　将纸的边缘折起

### 8.3.9　内部结构的形成

对于表面曲线复杂的小型模型和大型模型都需要一定的内部结构件来进行支撑，加强受力，帮助成型。

对于制作中、大型模型，泡沫芯板是非常好的支撑材料。波纹板对于大型模型来说，则是最优选择。但在多数情况下，最好使用三层厚的纸先覆盖模型支撑结构的表面，避免波纹板的不规则的边缘显露出来。

例如当制作一弧面形态时，内部结构的隔板应该顺着一定的间隔，平行地固定在一块统一的基面上。要确保所有的横隔板都有相同的半径，而且每一片隔板都要保持对齐和相互平行，否则会造成模型表面的塌陷和扭曲，如图 8-31。

当将模型的表面材料粘接到支撑结构上时，应将胶涂在模型的底部、横隔板的尖角处、隔板的弧形的起始点上，而不要涂在弧形的背上。否则，会在纸的表面上留下痕迹。如果确实需要这样做，就必须覆盖第二层表面，第二层表面的覆盖方法就必须重复上述的方法来进行。

正确的方法是在模型需要进行粘接的部位，施上分布均匀的小胶点，在弯曲部位胶点要用得多一些，因为这里的张力特别大，如图8-32所示。

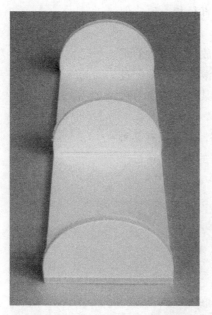

图8-31　具有内部隔板的模型　　　　　　图8-32　隔板间隔要平行排列

先将模型的内构件的一边与表层粘合，并用一定重量的物体压镇，等完全干固后，再粘合另一边，如图8-33所示。

图8-33　在部件胶结时用一定的重量压镇

对模型各种转折和边角的粘接处理，在模型制作过程中是极为重要的。

转折与边角就像一首音乐里的重音符一样，特别夺人眼目。因此在处理转折和边角时应干净利落、整洁和精确到位。

转折部分可以选用 2 层或 3 层的纸，单层纸适用于与曲面相交的折边。在转折和边角的粘接处理过程中，白乳胶是首选的粘接材料。特别是对于半径小于 25mm 的曲面，喷灌胶和橡皮胶由于干固快，会很快失去它的黏性，会造成纸料边缘的卷曲。

弧形的转折边缘应像前面所介绍的方法一样，进行预先成型处理。因为纸的弹性会使它恢复到原来的形态，在胶液干固的过程中由于纸的弹性会使曲面两边的边缘翻翘起来，致使这些区域由于应力作用而产生虚粘，如图 8-34 所示。

在粘接侧面的边角时应该多留一些余量，先精确地对齐一边，另一边等粘接干固后用剪刀修剪掉。修剪时持剪刀的角度应该为 45°角，不要修剪到模型的边缘，如图 8-35。如果模型的边缘是一条棱角分明的直边，则可以放置在裁切板上用锋利的刀子进行切割。

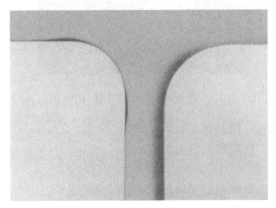 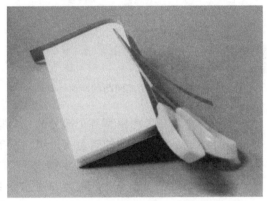

图 8-34　由于施胶的不当所造成的边沿虚粘　　　　图 8-35　修剪边缘时剪刀应持 45°角

### 8.3.10　球面形态的处理

对于纸材料来说，在制作模型过程中最大的限制是制作具有球面的形态。有三种可选的方法能部分地解决这个问题。

一种方法是对半径为 3～6mm 的四分之一球面的曲面形态，可以制成凹或凸的曲面。制作过程是对曲面进行搭接，在如图 8-36 所示的椅面与椅腿的外圆角处进行搭接。在制作曲面转角的时候，应沿着双曲面的顶角剪几道切口，切口的边缘与边缘相搭接，这样可以制作成模拟式的球面，这样的局部最好选用单层或双层的黑色纸来制作，因为切口不容易显露出来。这种方法不能用于大型的球形曲面，面积过大就会变成一个多面体，如图 8-37 所示。

第二种方法是用其他材料来制作球形曲面，如采用松软的木质材料或高密度膨胀树脂制作成球形，然后粘接到纸模型上。

这种方法能够制作出真正的球面形态，当然也带来了另外的问题，即如何对与纸连结的可视部分进行处理。首先与纸模型连结部分的缝隙必须进行覆盖或作某种掩饰处理，然后还要考虑到形体搭接部分的色彩匹配。几乎很难将不同材质的附加物体装饰成与纸的基体一致的颜色，所以只能将颜色做成近似。

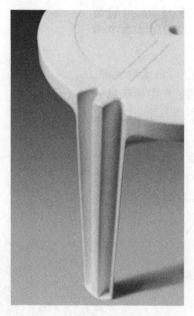

图 8-36　将搭接处制成凹凸的曲面

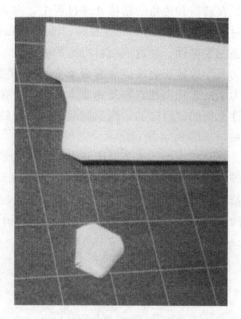

图 8-37　制作曲面转角

　　第三种是重新考虑模型各个部分的色彩搭配，使其看上去是一种特意的设计，或尽量使模型的颜色接近黑白灰等中性颜色，因为细微的色彩区别比较不易引人注目，如图 8-38。

　　总的说来要尽量避免在纸模型和附加件上涂覆颜色。因为任何纸材一经涂覆，哪怕是轻微的表面装涂都会使球面变形和起毛。

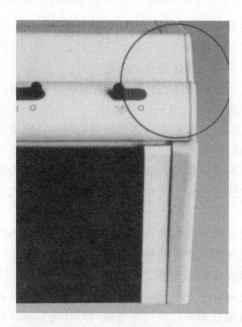

图 8-38　局部形态的过渡

如果要对整个纸模型进行装涂，要使用喷灌漆，先薄薄的喷，干后使用 400 目的砂纸在表面轻轻的打磨，然后再喷，直至颜色均匀为止。

亚光的颜色纸可用来减少模型表面的反射，同时还可以轻微的掩盖表面缺陷。

如果模型表面所需的颜色不是亚光，可以在颜色干透后，整体的喷上一层透明的亚光漆，仍然可以达到同样的效果。

解决球形曲面的第一种选择是避开它。这种选择是与纸的材料性能相一致的。当两条曲边相交时，要把纸材在相交的转折部分处理到极为完美，几乎是不可能。所以建议取一条最能表现设计意义的部位加以表现，舍去另一条对形态意义不大的曲边。

### 8.3.11　纸的层压成型

层压成型对纸大面积的延展是一种很好的方法。对多层纸进行层叠（最多 4～5 层）能够取得稳固的形态和优美的外形。用这种方法甚至能在纸与纸之间夹上泡沫芯板，以形成表面完美的内部结构构件。

在纸的层压方法中白乳胶和喷灌胶都可以使用，但喷灌胶有一定的局限性，并且这种黏结剂也不适合制作曲面的形态，甚至经过一段时间以后，随着氧化过程的产生，纸的层与层之间会剥落分离。所以在层与层粘接时最好采用白乳胶，在纸面上从中部到边缘均匀的施上小胶点，同时确保纸的层与层之间相互贴近，应注意的是在最内层和最外层的两层纸要采用同样一种材料，并保持纸纹方向的一致性，否则层压后的形态会产生变形。

例如，选用单层纸作为第一层，厚纸板为第二层，再用单层纸为第三层，这样层压后变形的可能性就会减少。

很难在预先剪切精确的材料上进行叠层，在实际操作的过程中，应采用比实际尺寸稍大一点的纸进行制作，等干透后再裁去多余的部分。

不管使用那一种黏结剂，在干固的过程中都要对施胶的部分进行压重和定型，用厚的书或其他物体进行加固都能达到此目的。

不同层数的纸材干固时间是不一样的，同时与空气湿度、气候、环境都有关系，要等纸完全干透后才能剥离。

使用层叠的方法来进行成型，特别是在制作各种曲面时，可以说是一种令人愉快的模型表达技巧。

将平面的、脆弱的材料制作成立体的结构性形态，通过层叠的方法使纸成为具有象夹板一样性质、具有一定的质量的结构性材料，并赋予了模型良好的强度，可以带来意想不到的设计制作效果。

层压弯曲纸材需要用到模具。模具既可以是为特定的作业目的而预先制作的模具，同时也可以从选用或对某种成品加以改进而来。比如为制作不同直径的弧面而选择的各种瓶类。

简单的弯曲必须在将纸叠合之前，先对纸进行预先成型处理，采用前面所述的预成型方法将纸弯成具有一定曲度的形态，然后将纸一层一层胶合在一起，与此同时，立即覆盖在模具上，然后在表面上再覆上一层厚纸，套上橡皮筋。橡皮筋彼此间的间隔应保持一定的距离，避免将力集中作用在某一点上。

根据纸层的数量，考虑干固的时间，等完全干固定型后再剥离。

### 8.3.12　纸的复合曲面成型

更复杂的曲面则需要用模具来成型，模具分为阳模具和阴模具两种。阴阳两部分模具由 C 型夹夹持在一起，用这种方法可以使多种材料成型为特定要求的形态。包括木夹板、卡纸、泡沫芯板，甚至使用某些现成的物品都可以达到目的。整个成型过程所需的模具应该与所需形体的尺寸相符，将比实际需要尺寸大一点的纸粘合起来，然后将它们夹持到模具中间，再用 C 型夹固定住，当模型完全干固后，剪去多余的部分。

层压后得到的结构质量类似于夹合板，使模型有出乎意料之外的效果和极好的强度。

弯曲的层压纸所需要的模板或模具，可以是特意准备的、或是根据所成型需要来选择现成物品的物体，如各种形态的瓶类。如图 8-39、图 8-40 使用不同的瓶子作为复合曲面形状的模具。

（1）复合曲面

制作更为复杂的复合曲面，根据需要应制作出多个凸出的和下凹的模具。不同的模具分别用 C 型夹子夹在一起。可使用多种复合的材料来制成所需要的模具形状，例如夹合板、纸板、泡沫芯板，有时候也用

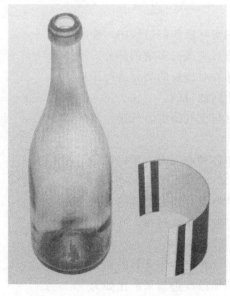

如图 8-39　用瓶子作复合曲面
形状的模具

图 8-40　塑料广口瓶作模子，橡皮筋，
胶水干燥后粘合成的曲面形状

其他能替代的物品来成型。

复合曲面的成型过程大致与简单曲面成型相同。也是将比尺寸稍大一些的纸粘接在一起，然后装到模子上，将两部分模具合并成一个整体，用 C 型夹将整个装配件固定在一起。等粘制成的纸完全干燥后，用刀子在切割垫板上裁成所需的尺寸。只要有可能，应尽量使用尺子进行操作，使复合曲线的边缘平整、干净利落，如图 8-41、图 8-42）。

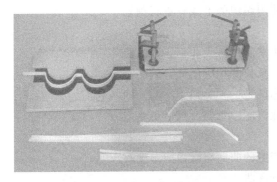

图 8-41　用于粘接制作眼镜框的
夹合板做成的凹凸模具

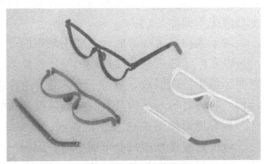

图 8-42　粘接好的曲面部分，
制作成的眼镜框

（2）裁切小曲线或复合曲面

对于形状很小而形态非常复杂的曲面，很难用刀子来裁切。此时，层合的过程就需要做稍微改动。

将层合好的第一层纸裁成所需的形态，预先将其做成母形。然后将第二层稍稍裁得比第一层大一些，将其卷覆在第一层上，但是不要将其粘在一起。在将第二层覆在第一层上的同时，在第二层的内侧标出其所需的尺寸，裁成所需的大小，将其粘到第一层的外面，将两层放在模子里，覆上保护纸，用橡皮筋固定。当形状很复杂时，用凹的模具和 C 型夹固定住，让它干燥一段时间，然后反复这个过程，直到所需的层纸都粘上去，每一层都要有一定的干燥时间。以保证所成型的形态干透。

应当说这是一个耗时的工作，但通过这个过程能得到很坚固的结构形态，值得花时间和精力去做。应当记住，用这种做法的材料只能是纸张，在等待干燥的过程时可用来制作模型的其他部分。

再把要粘在一起的纸张对齐，重要的是准确和细致。把纸放置在模具上时，要小心，更重要的是不能使用太多的胶水，过多的胶水会在缠绕或放在模具里时从各层纸间渗出，会在最终完成的物体上出现污点。在层合的形态完全干燥后，可使用 400 目的砂纸轻轻磨去胶斑和边缘处不完美的部分。

在前面所描述的制作过程中，小心和有限度的打磨以及精细的表面处理能够保证所制作的模型的整洁和表面的完美。

### 8.3.13 泡沫芯板和瓦楞纸板制作模型

正如前面章节所论述的，泡沫芯板和瓦楞纸板适合于用作模型的结构支撑。不过它们也可成为模型的外覆层，并在外表面粘裱上多层纸来进行表面装饰。但是泡沫芯板和瓦楞纸板在制作过程中的上胶、弯曲和整饰方法上还是与其他纸类有所区别。

曲线和曲面

可以将泡沫芯板弯曲成不同半径以及各种尺寸的曲线和曲面。最小的曲面半径与所用泡沫芯板的厚度有关，可使用编织的毛线针进行刻划来弯曲小的曲面。

对于大曲率半径的曲面不能用刻划的方法来制作，大曲率半径的曲面可以在泡沫芯板的背面标注出与所需要半径弧长的相应尺寸，剥去要弯曲区域里的内层纸，只留下泡沫芯。泡沫芯板是一种类似于三明治的结构，这种材料与结构具有一定的强度和柔性，能够弯曲，最后可将泡沫芯板弯成形如图 8-43 所示的曲面。

建议对瓦楞纸板只做单面弯曲，因为所产生的曲面与纸板的厚度有关，同时只能选取与瓦楞结构平行的方向进行弯曲。

图 8-43　泡沫芯板弯成具有较大半径的曲面。注意背面的纸张已经从曲线内部剥去

## 8.4　纸模型的制作案例

图 8-44、图 8-45 是厨房用排油烟机的模型。这二件模型的主体结构相同，只是操作面板的设计不同。模型的主体是采用泡沫塑料芯板为框架，表面粘贴上双层的亚光有色纸。操作面板上整齐划一的开口制作极为精细。同时这件模型充分表达了产品的装配关系。

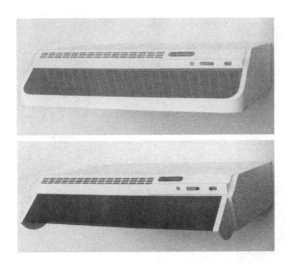

图 8-44　排油烟机模型

图 8-45　模型主体部件

　　图 8-46 是一把比例为 1∶1 的靠背椅模型，在椅面与腿的转折处采用了本章所叙述的球面制作方法，细节丰富，配合椅背圆弧的形态，整体非常优雅。

　　图 8-47 是一把比例为 1∶1 的折椅模型，椅子的腿部是用方形的金属管弯制而成，并用锣丝装配成整体。椅面和椅背是以三层纸压叠而成。表面粘饰上蓝色亚光的条纹纸，椅背可向前弯折覆盖在椅面上。

　　图 8-48 是一把弹性靠背椅模型，椅面和椅背采用瓦楞纸制作大形，表面粘上双层亚光有色纸。椅面和椅背的局部粘饰双层的有色纸作为条纹。

　　图 8-49 是一把比例为 1∶1 的儿童电子琴模型，琴身采用泡沫塑料芯板作为结构框架，表面粘上三层黄颜色的纸，模型的结构转折处理的非常精细，琴键和开关按钮则选用成品的零件进行组装。

图 8-46 靠背椅模型

图 8-47 折椅模型

图 8-48 弹性靠背椅模型

图 8-49 儿童电子琴模型

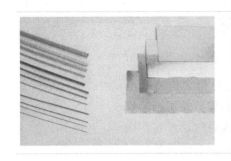

第9章

# 金属模型制作技法

- 金属模型概述
- 金属模型的材料与加工工具
- 金属模型制作技法

## 9.1 金属模型概述

人们经常采用金属作为模型制作的补充材料。对大面积的和较厚的金属板材、金属管材和金属棒材进行加工，需要装备齐全的、专业化的加工设备和场所。

在手工制作模型时，除非将金属用作模型的结构件，只选择和使用最薄和最软的金属片材。有时可以在纸板上涂覆具有金属质感的纸箔来模拟金属的表面效果。在手工模型制作过程中，对金属进行加工要符合小面积和小数量的原则，以达到使模型制作快速、便捷。

## 9.2 金属模型的材料与加工工具

### 9.2.1 金属模型的材料

（1）金属材料

① 铝管材和黄铜管材：小直径的金属管材，直径范围在 2～12mm 之间。通常用在比例模型的制作中，用于模仿钢管的效果。特别是在需要模仿机械或真实构件的情况下（例如伸缩的接头）。圆管比其他轮廓的管材更常见，金属管材还有方形、矩形等不同的尺寸和规格，如图 9-1 所示。

② 铝、黄铜和紫铜片：最适合于模型制作的金属片材（150mm×300mm）、铝片、黄铜片和紫铜片可在五金材料的商店里买到。这些材料可用的厚度在 0.4～2mm 之间。

③ 延展金属、专用金属和焊网、金属网：不同的金属材料和焊网、金属网可以用来给模型增加真实感。例如，对于音箱面板、烤架、滤水器和架子、金属筐、容器和储物装置。金属网和其他规格的材料都能在五金商店里买到，如图 9-2 所示。

④ 钢丝：高质量的高碳钢线，在工业中通常用于制作弹簧。模型

图 9-1　不同规格的金属板材和管材

图 9-2　不同规格的金属焊网

制作中常用到的是直径为 0.4～1.5mm 的钢琴线。还有稍大的直径也可根据制作需要选用，但是较难弯曲，不适合于手工制作。使用钢琴线是从美的角度和结构细节来考虑；当需要较粗直径的线材时，最好使用铁线、铝线、铜线或塑料管来进行加工制作，容易达到预想的效果。

⑤ 铜线和铝线：铜线和铝线比钢丝软一些，更容易切断或弯曲。铜线的直径可达 2mm；铝线的直径可达 3mm。

⑥ 铁丝：铁丝较软且非常容易曲伸，特别适用于检查、试验不同形状的弯曲效果，但很难加工成特别直的直线，也很难弯成精确半径的弧线，可用作钢琴线的替代品。

最好的铁丝是镀锌的。通常使用的直径范围在 1.5～3mm 之间。

（2）清洁材料

① 三氯乙烯：用于清除准备粘接（无论是胶接或是焊接）金属表面的油脂。也可以使用其他类似的干洗液。因为三氯乙烯是易燃性液体，因此在使用时应该小心并在通风的地方使用，这种气体对身体有害。

② 砂纸：用于对准备胶粘或焊接时金属表面的清洁、打磨之用。根据不同情况，可选用 200、300、400、600 目等不同规格的砂纸。

（3）黏结剂

黏结剂的选择取决于所需粘接材料的性质，并以高强度、使用方便、快速固化为原则。金属是难于粘接的材料，需要的粘接强度比木材或纸张要高得多。其中强度最高的是焊接产生的，这是比粘接要复杂而且困难得多的技术，需要有专门的工具。

① 环氧树脂：经过较长时间固化的环氧树脂，要比快速固化的环氧树脂粘接性能好。在粘接金属时，这个性质特别重要。只有在要粘接的形体需要立刻与模型制作的其他步骤发生关系时，或模型的连接点不承受很大应力时，才使用快速固化的环氧树脂。

② 氰基丙烯酸酯黏结剂：是一种超级速干的黏结剂，如果使用正确，可产生非常强的连接效果。因为这种胶的固化只需几秒钟的时间。在胶干燥期间最好使用夹持工具进行。

氰基丙烯酸酯黏结剂的缺点是不能填充缝隙，因此被粘接的表面必须做到精确的配合。对需要粘接的金属部分必须预先整平，以提供最大可能的表面接触而不应有间隙。用量要少，否则固化时间会延长，导致粘接失效。

③ 硅树脂密封剂：不是真正的黏结剂，可用于在两个大模型配件之间形成弹性的、但不是高强度的粘接。其功能就像是不均匀表面的填充料，可封闭间隙。硅树脂极容易脏污模型的表面，最好使用在模型不可见的部分。以上粘接材料如图 9-3 所示。

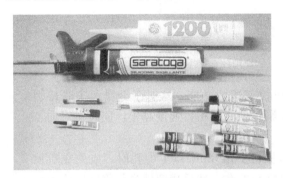

图 9-3　不同类型的黏结剂

### 9.2.2　加工工具

（1）切割工具

① 砂轮锯：类似于圆锯，更适合于切锯小的金属材料，如金属管料、铝棒和切削轮廓。

② 斜钳：用于剪切金属线和小的棒材。小的钳子可剪断 1mm 以下的钢丝；中等大的钳子可剪断 2mm 金属线。

③ 平头钳：用于剪切薄的片状金属（厚度在 0.7mm 以下的片材，厚度在 1.5mm 以下的焊接网和金属网）、延展金属。不要用平头钳剪金属线，否则容易损坏钳口。

④ 钢锥：选择中型的钢锥可用于在金属片材上确定需加工孔的圆心。钢锥另外的用途是作为切割薄的铜、铝片材的工具。

（2）成形工具

① 锉刀：用于将金属板、金属管材、棒材和线材的粗糙的边缘进行削锉平整和光滑。用于木材表面高质量处理的什锦锉也适用于金属表面的修饰。以上切割工具如图 9-4 所示。

② 钳子：扁嘴或侧切的钳子适用在不便于用手或不可能用手进行操作的情况下来夹持模型狭小部位的操作。侧切的钳子也可用于切断小直径的线材。当需要把金属丝弯曲成环时，尖嘴的钳子是必不可少的工具；其他类型的钳子不能弯出精确的圆，而只能做出相似的多边形的形状来，如图 9-5 所示。

③ 锤子：与钳子一样，锤子也是模型制作中通用的工具。便于弯

曲粗线，与其他设备配合可弯曲或锤整金属片材，在模型制作中一般选择较小的锤子（200～250g），如图 9-4 所示。

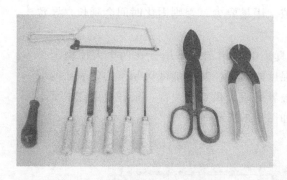

图 9-4　常用的金属工具

④ 电钻：许多电钻具有可控变速的功能，这对于金属加工时特别需要。使用电钻应该遵守的原则：钻头越粗，速度越慢。同时在对加工部件的钻孔前应先进行定位。

在对模型制作中的薄金属板材上钻 8mm 以上的孔时，应先在所加工的金属板上定位，并钻一个略小的孔，然后用圆锉进行修锉以达到所需的直径。这样可避免钻孔时，孔的边缘变形。

（3）直尺和测量用工具

在木模型制作中所使用金属尺子和角尺，也适合在金属模型制作中使用。

（4）夹持工具

① 台钳：装在工作台上，用于夹持加工部件。如图 9-6 所示。

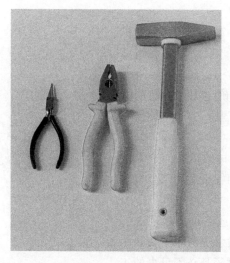

图 9-5　锤子与钳子

图 9-6　带有夹紧管子的木制插件的台钳

② 开槽的木块：插入台钳的钳口中，可使台钳所夹持的金属管子能夹紧又不会产生变形。如图 9-6 所示。

（5）焊接设备

① 电烙铁：在许多用于焊接的工具中，电烙铁主要用于对金属元件的焊接。选择电烙铁主要注意的是功率，应根据加工件的需要选择功率。小的模型件一般选择 150～200W 的电烙铁即可。如图 9-7 中所示。

② 焊料：是一种锡铅合金，锡的含量应不少于 50%。要使用没有松香芯的焊料，这样焊点的周围就不会有发黑现象。如图 9-7 中所示。

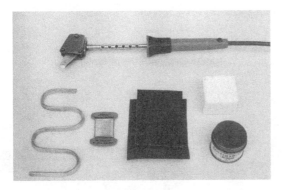

图 9-7　电烙铁和焊接材料

③ 焊接酸：其功能是清洁金属，使焊料可粘接在金属表面上。有液体和膏状的两种焊接酸，膏状的焊接酸比较容易操作，但液体的焊接酸可使部件焊得更牢，效果更好。

## 9.3　金属模型制作技法

### 9.3.1　切割

（1）使用锯

使用锯来切割金属管料、细棒材等相关的作业时，应将要切割的材料放置在台钳中，将划好线的胚料放在台钳的钳口之外，切割时不要给锯子施加太大的压力，而是以长而轻的行程来锯料。

当锯到材料的大约 1/4 时，将台钳中的材料旋转 90°然后再夹紧，再锯四分之一，这样做就可以将整个材料精确地切割下来。

（2）使用平头剪

对较小面积的金属片材可以使用平头剪进行剪切。如为了表现较大的金属片材或厚重的金属板。可以考虑用纸材料裱饰上仿金属的面材来替代金属，以便节省时间。

用平头剪在对金属的板材做裁剪时，板材的边缘会产生变形，在剪切过程中会产生细小的破裂。因此要预先在需要的尺寸线之外留有加工余量，这样留有加工余量的剪切，才不会伤害到需要的形体，锉掉边缘后就可以得到所需的尺寸。

在做垂直的切割时，可将板材放在外缘标有辅助线的板上，一手牢牢按住板材，另一手剪切，这样刀刃的角度才会与剪切表面垂直。倾斜的刀刃会使边缘产生弯曲和毛刺。

在金属材料上切割不规则形状时，要将划线以外多余的材料的大部分先切割掉，留下窄窄的一条边供以后继续修整之用。这可以防止多余的材料在剪刀刃下面卷曲，剪切后的部位要用锉刀细致修饰切割处。

对于复杂的形状也可用相似的方法来切割：首先要粗裁一下，在紧靠着所需的轮廓线作第二次剪裁，然后再用锉刀修整切割的边，如图9-8、图9-9。

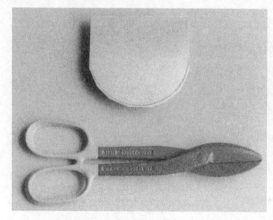

图9-8　粗裁　　　　　　　　　　　　　图9-9　第二次剪裁

（3）使用锥子

可以用锋利的锥子在薄板材上进行精确的直线切割。给要切割材料的两边都作上标记，然后用锥子在两边的切割线上重复划线，将板材划出槽来，然后沿着槽多次弯折，可将材料很好地分开，再用锉刀锉掉不规则的裁切边，如图9-10。

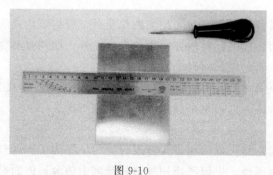

图9-10

（4）使用斜口钳

要对金属线进行干净利索的剪切，可以采用一部分一部分地切开材料，不断旋转角度，而不是一次直接将其剪断，一次剪断金属线会产生凿点，而不是齐平的端口。

### 9.3.2　弯曲

（1）弯曲金属线

应该使用钳子夹住要弯曲的金属线的一端。如果需要在两条直线之间有清晰的轮廓时，可将一端压向一个坚硬的、平滑的表面，而不是用手去握另一端，否则会产生稍微弯曲的，而不是直线弯曲的角，如图 9-11、图 9-12。

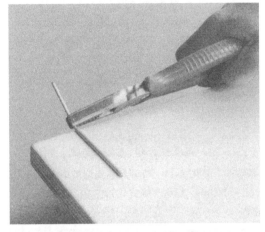

图 9-11　用钳子进行弯曲

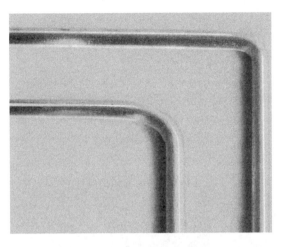

图 9-12　材料弯曲后的不同角度

（2）弯曲管材

弯曲管材需要专门的设备与技术。不过，可以自己动手弯曲直径在 8mm 以下的黄铜管和铝管。应该选用管壁比较厚的（0.8～1mm）管材。

对管进行弯曲的过程有一定的难度，经常碰到的问题是，在没有专用设备的情况下对管材弯曲时，弯曲部分会变成椭圆，弯曲的横截面比原来的截面要宽。但这种所不期望的效果可通过专门制作的模具来校正。如图 9-13 所示。

制作模具的方法是锯出 3 片胶合板，制作成相应于管材弯曲时，所需半径的一个曲线。注意：中间那块板要凹进一个相当于管子直径 2/3 的距离。将 3 块胶合板钉合起来或用螺丝锁紧。两块直边的模子形成的角度要稍微比管子的两臂形成的角度大一些。

所有的金属都是有"记忆"的，所以管材弯曲后会有反弹现象。因此，模具的角度必须稍稍地小一些，以补偿这个趋势。

将模具夹在台钳上，将管材放于模具的槽中如图 9-14，用一块硬木慢慢地将管料平顺的推到模具的凹槽内。在有些情况下，需要用到锤子稍稍锤击，如图 9-15。

弯曲完成后，用纸板作的模板或量角器检查所得到的角度如图 9-16。如果角度需要校正，不要用手来操作，否则会使弯曲的管材变形，应该校正模具的曲线，然后重复这个弯曲过程。

因为这样的制作过程较难，所以不赞成用硬度高的金属做管料或使用大直径的管料。如果有这种要求，可以用塑料棒材或管材来替代。

图 9-13　进行弯曲用的模具

图 9-14　将管料放到凹槽中

图 9-15　进行弯曲

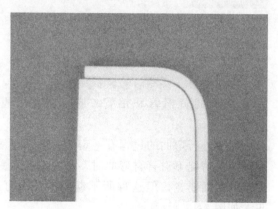

图 9-16　检查弯曲的角度

（3）弯曲板材

板材的弯曲过程基本上与工业上弯曲板材的工艺类似，因此，就像本书中描述的其他工艺一样，都会显示材料的潜力、局限性和制作工艺的复杂性。

将需要弯曲的板材放在两块胶合板或硬木之间，其宽度比要弯的板材略宽。由于弯曲是依靠着一块板来进行的，板材的弯曲部分要伸出到木材的边缘之外。如果弯曲带有弧角，板材的边缘必须也带弯曲，以便与这个半径相匹配。

在台钳上以木材-金属-木材的方式夹紧板材，如果装配起来后的宽度超过台钳钳爪宽度的 3 倍，则要给每个端部加个 C 型夹，保证这个三层夹能夹紧。

用另一块硬木或厚的胶合板，慢慢地将伸出木板的金属板的部分加压如图 9-17、图 9-18。

在对较厚的板材做弯曲时，非常缓慢地施加压力是非常重要的，否

图 9-17　夹紧板材

图 9-18　慢慢地加压

则金属会撕裂。最好方法是以缓慢的步骤来处理，让金属的结构在每一次推动时可调整一下。

如果金属非常坚硬，可以用锤子轻轻进行敲击，以施加更大的力。但不要直接敲击在金属上，并在锤子和金属板之间垫上一块木块。

### 9.3.3　冲压

冲压也是一种与弯曲有关的技术，用冲压机对金属施加压力到模具的孔中，使金属成型为带孔的形状。它可用来制作话筒上的网格、进气孔和排气孔等模型的真实的功能形态。

可以用简单的木质模具，以手工来实施冲压技术。

在一块 12mm 厚的胶合板上锯出所需加工部件的形状，锯条留下的路径用作冲头与模具部分的空隙。在木模具合上时，金属的网格必须正好处在这个空格中。冲头边缘的半径必须对应于网格边缘所需的半径。

剪下一小块金属网，面积要比模具大一些；多余的材料用以制作金属网的折边，将金属网冲压到模型中，如图 9-19。

将冲头钉到另一块板的中心上，将这块金属网放在它的上面，再将模子放在二者之上。绕着模子用锤子轻轻地敲击它们，使模子的两半合到一起，将金属网冲压到分开的模具与冲头之间的空隙中，如图 9-20。

图 9-19　将金属网冲压到模型中

图 9-20　将金属网冲压到分开的模具
与冲头之间的空隙中

打开模具，从模具上分开冲头和模具，拉出成型的网格，如图 9-21。用剪刀切掉多余的材料。

图 9-21　打开模具、修整成型的网格

### 9.3.4　胶粘

对金属的粘接相对于整个制作过程来讲，是件比较困难的事。由于金属是表面相对光洁的材料，与木材和纸张相比，能应用于金属表面粘接的胶类品种比较少。由于金属的重量大，给粘接的部分带来很大的拉力，也增加了粘接的困难程度。

（1）清洁表面

在粘接金属前，首先彻底清洁被粘接的表面是最重要的。金属表面留下的任何油迹或污点都会减弱粘接的强度。

清洁金属表面最好的方法是是用三氯乙烯或类似的干洗剂产品。在通风良好的场所进行，因为这些物质具有易燃性，同时它们的气体对人体有害。

在对所有要粘接的表面去油污后，用 200 目的砂纸打磨一下，再用三氯乙烯清洁所有表面。在最后一次清洁表面后，不要再用手指去触摸，可用钳子或镊子来夹取这些部件。

（2）狭小面积的粘接

粘接金属丝或小面积的金属板，这种粘接可能相当麻烦，因为两块金属的接触面非常窄，其作用就好像是杠杆，需给连接点施加很大的压力。在这种情况下最好使用环氧树脂作黏结剂。

第一步是增加接触面积，一种解决办法是将金属线弯两个直弯角如图 9-22，使金属丝在底座上能成直角站立。

对要粘接的表面进行打磨可达到较好的效果。金属的表面变得粗糙，粗糙的金属表面可使更多的胶附着在金属的表面上。

用固化剂混合环氧树脂，然后用一根小棒涂覆到金属板和金属丝的接触面上。最好是能在第一次粘接干燥后再施加第二次胶，以增强连接力。在急需或必须进行后续处理的模型结构时，使用快速固化的环氧树脂做第一次粘接，再用长时间固化的环氧树脂来增强。

图 9-22　弯成两个直角，进行粘接

如果固化反应在较高的温度下进行，环氧树脂固化比较快，粘接力也比较强。为了达到加快固化的目的，可放在烤箱中进行干燥，也可在靠近粘接处放一个灯泡，灯泡产生的热会提高连接点的温度，同时达到加快固化的目的。

### 9.3.5　焊接

焊接能够产生比用胶粘接更强的连接。用这种方法可用于除铝和不锈钢之外的所有模型金属部件的制作中。不过，它也比其他方法更为复杂，需要一些特殊的设备。当两个金属部件间的连接需要很高强度或是在要粘接的两个部件之间不能提供足够的接触表面时，则应采用焊接。

要获得较好的焊接效果，工艺方法必须得当。表面必须小心地清洁干净，接着是按步骤进行打磨、清洁表面、对于清洁之后要焊接的表面不得用手再接触。

焊接剂只有在液态时才能在两个表面之间做连接。电烙铁的作用是加热表面使其足以熔化焊接物。

为了将最大的热量传送到连接处，电烙铁与焊接表面的接触时间应该有足够长的时间，这样才能使热能从电烙铁完全传送到所接触的表面上。

最后，必须使焊接剂在要焊接的表面间精确地流动。

如果满足上面所说的各项要求，焊接过程就相对比较简单而容易成功。

首先放置好要连接的部件，用相应的夹具（C型夹、木夹子）将其夹持住。

在彻底清洁后的金属表面上，用牙签或小刷子在两个表面上，涂上一些焊接剂，用电烙铁带上焊料，热量是否合适，看电烙铁与表面接触时焊料是否融化成液体，应该能够均匀地流动到表面上，这样就能使焊接的点均匀而平顺。

如果焊接料在电烙铁接触时融化，而在其接触到焊接表面时固化，则电烙铁的热量不够，大多是因为电烙铁的功率不足。如果焊接剂会形成小珠子而滚动，则说明部件表面并不清洁，或是这种金属不适合焊接，如铝或不锈钢。

让连接点冷却几分钟，用海绵擦拭这个区域，清除残留的酸，用手纸将其擦干。用小锉刀去除过多的焊接料，但要小心不要因为锉掉太多的材料而损坏焊接点。

### 9.3.6 表面整饰

（1）底漆和颜料

从原则上讲，在所有金属的表面上颜色前都应该上底漆。上底漆的目的是保护金属，特别对于必须放置在室外的金属制品不受腐蚀，增加涂料对金属表面的附着力。但这些目的对于模型制作都不适用，因此对于金属模型的表面装饰来说，底漆可不必使用。

（2）喷罐漆，或手工刷漆就可以对金属部件的表面直接进行喷涂。

（3）仿镀铬

金属在模型制作中用于表现产品结构，或表现金属的部件，都可以进行仿镀铬或上色整饰。

用相对粗糙的砂纸（200目）打磨金属，然后再用较细的砂目（600目）再打磨一下。在表面打磨光亮时，不要再用手去触摸。用有光泽的整饰漆来做光泽，即可达到仿镀铬的效果，同时上透明的涂料在保护金属短时间内不被氧化也是必要的。

（4）颜料

要给金属上色，重要的是金属必须清洁干净，在上色之前不必涂底漆。在上色前的工序类似于胶粘和焊接所说过的清洁工序，用200～300目的砂纸打磨表面，用三氯乙烯除去表面的油脂，然后开始喷刷漆料。不必在涂层之间进行打磨，让第一层完全干燥后就可喷下一层。因为金属不吸收颜料，因此流淌的现象会比木材更为严重。为了避免这种现象，每一层都要喷得很薄。由于金属没有纹理需要覆盖，通常喷三、四层漆就足够了。关于表面处理的内容，可参阅本书的模型表面处理章节。图9-23～图9-28是椅子和液化气炉模型的制作过程。

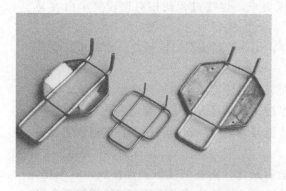

图9-23　这是一把用于椅子的金属焊接结构件，
先将钢管置于台钳上，按尺寸弯折出所需要的
形态，并和作为椅子面的支撑铁板焊接在一起

图 9-24　是图 9-23 椅子焊接结构件
的装配图

图 9-25　是一把靠背椅子的焊接结构件
装配图，先将钢丝置于台钳上，按尺寸弯
折出所需要的形态，然后焊接在一起

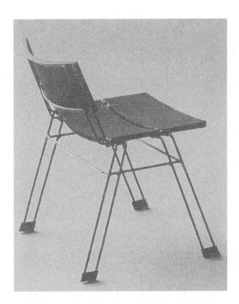

图 9-26　是在图 9-25 椅子焊接结构件上，
装配软塑料坐垫和靠背的靠背椅

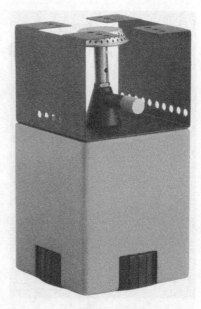

图 9-27　是一款野营用的液化气炉，将铁板弯成方柱做成炉体，用另一块铁板弯折成炉体上部的防风板和支架

图 9-28　采用热塑成型和打孔等方法用 ABS 塑料制作成炉头部分

# 第10章 产品模型表面处理技法

- 表面处理的意义
- 表面处理的材料与表面处理的工艺
- 模型表面的文字与标志处理
- 模型表面处理的案例

## 10.1 表面处理的意义

不管采用何种方法制作成型的模型，表面往往不够平滑或留有刀痕、线痕，凹坑与刮痕。由不同的材料制作而成的模型部件彼此之间的连接，在模型接缝处也会产生折皱与起伏。所以在表面装涂之前就需要对模型的表面进行清理、修补、打磨等处理。

一件好的模型，不仅需要优美的造型、柔和的曲线、协调统一的形态，还需要清晰的细部刻画、恰当的表面肌理处理和色彩来表达。这些都体现了对产品模型的表面处理修饰的重要性。

对于模型表面，特别是表现性模型的表面进行涂饰处理，具有保证模型的设计与制作从形态到色彩的完整性。同时对模型表面进行的细致的装饰性效果处理，也体现出设计师对产品设计的综合表达能力。在产品样机展示、促销宣传活动中，成为真实有力的设计表达手段。同时也提升了设计情感的价值，赋予了模型制作在产品设计过程中的重要性。

在模型制作过程中，模型的色彩是通过对模型的涂饰来完成的，可以凭借涂饰材料来达到对模型色彩的表达。

在模型的表面处理中，可以根据不同的需求选择不同种类的表面装涂材料和涂饰技术。如喷饰、手工涂饰等技术等都被广泛地应用于模型制作后期的表面处理上。

在这一章里，将对常用的表面处理技法进行介绍和探讨。

## 10.2 表面处理的材料与表面处理的工艺

### 10.2.1 腻子

在模型制作后期或装涂之前，使用腻子对表面进行修饰以提高模型的外形质量是很重要的工艺环节。模型制作常用的腻子主要有：自调腻子与成品腻子两种。

（1）自调腻子

原料有：水、酒精、松香水、胶水、虫胶、清油、生漆、各色硝基漆和石膏粉、钛白粉（碳酸钙）等。腻子的调制应按模型的材质、外观要求来选料调制。

一般水性腻子干燥快，强度低；油性腻子干燥相对慢一些，但干燥后硬度高，附着力强。

（2）成品腻子

成品腻子也是专业用腻子，常用的有以下两种。

① 过氯乙烯腻子（又称塑料腻子）是由各色过氯乙烯涂料和体质颜料加固化剂配制而成。由于过氯乙烯涂料是挥发性涂料，故腻子干燥时间短，（大约15min），但刮涂性比油性腻子差，只能在短时间内刮涂而且不能多次反复，需刮涂一遍待干后再刮涂。但腻子附着力和防潮性较好，适用于金属或木质模型的表面刮涂。

② 苯乙烯腻子（又称原子灰）为双组分（苯乙烯、固化剂）的快干腻子，质地细腻，无砂眼、无气孔，干燥后坚硬而且易磨。在室内常温（21～30℃）条件下使用时，把苯乙烯与固化剂按重量比100：2混合调匀后即可进行刮涂，在9～12min即可干硬，1h后即可打磨。

成品苯乙烯腻子如图10-1，质量优异，使用方便、快捷，干净、易保管，已成为模型制作中的重要刮涂材料。

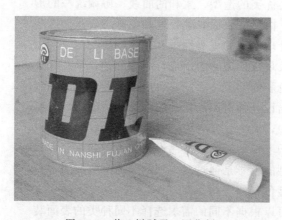

图10-1 苯乙烯腻子、固化剂

刮具是刮涂腻子的主要工具，有硬刮具（由硬质塑料板、钢片等制成）和软刮具（由耐油橡胶制成），厚薄均可。

硬刮具主要用于：刮补模型平整的表面及各种棱线转角。软刮具主要用于：刮补模型的各种弧形表面及各种弧线转角。

腻子的刮涂应以薄刮为主，每刮涂一遍待干，打磨后再刮涂，再打磨，直至符合喷涂要求才可。如果腻子一次性刮涂得很厚，既容易缩裂也造成浪费。

### 10.2.2　涂料

（1）涂料的组成

涂料一般由不挥发组分和挥发组分两部分组成。它在物体表面涂布后，其挥发组分逐渐挥发离去，留下不挥发组分而干结成膜。所以不挥发组分的成膜物质简称涂料的固体分；挥发组分则简称挥发分。成膜物质按在涂料中所起的作用主要可分为成膜物质、次要成膜物质和辅助成膜物质及溶剂。

① 主要成膜物质：也称固着剂。由于它的作用是将其他组分粘接成一个整体，并能附着在被涂基层表面形成坚韧的保护膜。所以这种物质应具有较高的化学稳定性，多属于高分子化合物，如天然及合成树脂以及成膜后能形成高分子化合物的有机物质，如植物油与动物油。

② 次要成膜物质：颜料涂料中的次要成膜物质，虽然它不能离开主要成膜物质单独构成涂膜，但它是涂料的重要组成部分。颜料用于涂料中不仅是为了使涂膜呈现一定的色彩，遮盖被涂的物体表面，以使涂膜具有装饰性。更重要的是颜料能够改善涂料的物理和化学性能，如提高涂膜的机械强度、附着力、耐热性和防腐性、耐光性等。有的还可以封闭或滤去紫外线等有害光波，从而增进了涂膜的耐气候性。颜料的种类很多，按它们的化学组成可分为有机颜料和无机颜料两大类；按它们的来源可分为天然颜料和人造颜料两类；按它们所起的作用的不同分为着色颜料、防锈颜料、体质颜料三类；着色颜料主要作用是着色和遮盖物面、是颜料中品种最多的一类；防锈颜料主要作用是防止金属锈蚀；体质颜料是一种惰性颜料，又称填充颜料，它们在涂料中虽然遮盖力很低，也不能起到色彩装饰作用，但它们具有增加涂膜厚度，控制涂料稠度，加强涂膜体质，提高涂膜耐磨性等性能，并可降低涂料的成本。

③ 辅助成膜物质：在涂料的组分中，除了主要成膜物质，颜料和溶剂外，还有一些用量虽小（千分之几至十万分之几），但对涂料性能及涂膜起重要作用的辅助成膜物质（通常称为助剂）。涂料中所使用的辅助材料很多，按它们的作用特性，目前国内外常用的涂料助剂有表面活性剂、催干剂、固化剂和增塑剂等。

④ 溶剂：是用来溶解和稀释涂料的挥发性液体，在涂料中往往占有很大比重。它可以使涂料的其涂膜耐气候性突出，涂膜虽硬度不高，但柔韧性很好，不足之处是涂膜不够光泽，装饰性欠佳。适用于配制结构用醇酸树脂涂料。如桥梁面漆、船壳漆、无线电发射塔用漆等。

表面处理用的涂料是液状的，可涂覆于模型表面，经过一段时间之后形成干燥固化的表面薄膜，或是经过其他光热或红外线强制烘干后固化而成的坚韧薄膜。这层薄膜附着于模型表面，从而起到了保护模型，美化模型外观的功能，并可达到特殊的装饰目的。

随着科学技术的进步，涂料工业快速的发展，为产品制造业提供了各种不同属性的装涂材料，不同的材料种类和装涂技术使产品的表面色彩和质地呈现出多姿多彩。

（2）涂料的分类

涂料按用途来分类，可分为建筑用漆、船舶用漆、汽车用漆等。建筑用漆又分为室内用漆、户外用漆、金属用漆和混凝土用漆等；按施工方法分类，可分为刷漆、喷漆、烤漆、电泳漆、流态涂装漆等；按涂料的作用来分类，可分为打底漆、防锈漆、防腐漆、防火漆、耐高温漆、头度漆、二度漆等；按漆膜的外观来分类，可分为大红漆、有光漆、无光漆、半光漆、皱纹漆、锤纹漆等；按组成分类，即可分为清漆和色漆两类。目前中国采用的是以成膜物质为饰面的分类法。

00 清油：又称熟油。由干性油或半干性油加少量催干剂制成，浅黄至棕黄色的粘稠液体。

01 清漆：不含颜料的透明漆，主要成分是树脂和溶剂或树脂、油和溶剂。为人造漆一类。

02 厚漆：俗称铅油。由干性油、颜料和填充物经轧研而成的浓厚稠状漆。使用前需加干性油和催干剂或加稀释剂调稀。

03 调合漆：以干性油加颜料为主要成分制成，又称油性调合漆。油性调合漆中加入清漆，可得到磁性调合漆。

04 磁漆：以清漆为基础加入颜料等研磨而制得的黏稠液体。

05 烘漆：涂施于物体表面后需经烘焙才能干燥成膜的漆。

06 底漆：直接涂施于物体表面作为面层漆基础的涂料。

07、08，分别代表腻子、水溶漆。

涂料产品品类繁多，同种类型的涂料虽然具有基本相同的特性，但按其组分中有无颜料存在均可分为清漆和色漆两类，这样就给选择材料带来方便。

涂料工业发展很快，品种繁多。目前中国市场上仅销售的涂料品种已达千余种。以下仅对模型制作中运用最普遍的涂料作有关介绍。适用于对模型表面进行处理的涂料大致可以分成五大类。

① 封闭性材料：又称为模型表面的隔离剂。由于模型质地的不同，对质地疏松的模型材料表面要进行封闭。通过封闭，使装饰材料和模型表面隔开，以使后续的涂饰工作更加有效。用于封闭的材料有以下几种。

• 虫胶。虫胶是一种动物产生的胶体，可溶于酒精（乙醇），溶解后为透明的棕色液体。干固后有相当的韧性，能在模型表面形成薄而韧的保护性薄膜，是一种常用的封闭性材料。

对于木模型、石膏模型，在表面装饰前都可以用虫胶进行隔离保护。

• 聚酯类材料。用聚酯类材料加入一定的固化剂后，涂饰于模型的表面是对模型表面进行封闭隔离的有效手段。聚酯类材料在模型表面形成的薄膜强度高，保护性能好。比较适用于大中型模型表面的处理。

• 腻子类材料。腻子是由滑石粉＋填充剂＋黏结剂调制而成。在需短时间内固化的腻子，一般采用生产调制好的原子灰＋固化剂来调配。腻子固化的时间由加入固化剂的量来控制，固化剂越多，固化时间越快，反之，固化时间越慢。

② 水性材料：水性材料价格低廉，无光泽。主要是由颜料＋水＋胶进行调制。易进行装饰，但质地不细腻，不易涂平。一般采用涂刷的方式来完成，等完全干燥后涂覆上防水胶或石蜡，可以起到一定的防潮作用。

近年来，以合成树脂代替油脂，以水代替有机溶剂，这是涂料发展的两个主要方向。水溶性树脂涂料是 20 世纪 60 年代初发展起来的工业上应用广泛的新型涂料，它与一般溶剂型树脂涂料不同的是以水作为溶剂。水溶性树脂涂料，施工前要求涂料溶于水，施工后则要求涂膜抗水。所以在其成膜过程中，通过加热或加入固化剂使之生成不溶于水的成膜物质，以构成具有抗水性的涂膜。

水溶性涂料主要是由水溶性树脂、颜料、助溶剂和水等组成。根据所用树脂的不同可分为水溶性酚醛漆类，水溶性醇酸漆类，水溶性环氧漆类、水溶性聚酯漆类等。其中以真石漆运用最广。真石漆是一种环保型高级水溶性涂料，适用于水泥墙体、木板、地板、玻璃、铁面、泡沫、石膏、石棉瓦、胶板等材料上喷涂，使其具有花岗石的坚硬质感。

③ 油性材料：油漆是一种以高分子有机材料为主的防护性材料。它是一种用于制品或物体表面上的涂敷材料，能在被涂物的表面结成完整而坚硬的保护涂膜。

油性材料的干燥是靠自然风干来达到的。油性材料可用松节油来稀释、采用手刷或喷枪来喷涂。

油性材料最大的优点是覆盖性很强，有一定的韧性，防水，固化性能稳定，易于施工，价格便宜，经济实惠。

油性材料的缺点是干燥时间长，表面光洁度虽然较高，但漆膜较厚，表面涂饰的厚度不易均匀。

④ 醇酸树脂涂料：醇酸树脂涂料是以醇酸树脂为主要成膜物质的涂料。它是由多元酸、多元醇和脂肪酸经酯化缩聚而成的。其中脂肪酸的作用是改善树脂的脆裂性以及在有机溶剂中的溶解性，使涂膜具有良好的弹性和耐冲击性。

醇酸涂料的主要特点是能在室温条件下自干成膜，涂膜丰满光亮，平整坚韧；保光性和耐久性良好，具有较高的黏附性，柔韧性和机械强度，且施工方便，价格比硝基涂料便宜。

⑤ 硝基类材料：硝基涂料是以硝化纤维素（硝化棉）为主要成膜物质，加入合成树脂，增塑剂和溶剂而成的溶剂自干挥发型涂料，又称喷漆。

硝基涂料的最大特点是干燥迅速（室温条件下 10min 可触干，一小时可干透），涂膜固化快、光泽感好，坚韧耐磨，耐化学药品和水的侵蚀，还可以配制成清漆、各种色漆、腻子和底漆。模型表面装涂常用的硝基涂料有，普通型硝基涂料和自喷型硝基涂料。

• 普通型有色硝基涂料

普通型各色硝基涂料的色相、纯度、明度及稀释度均可自行调配，能达到与设计要求的色彩基本符合。

硝基材料具有挥发性好，漆膜坚韧。在硝基材料中可以加入一定的填充剂来提高封闭的效果，并且施工简单方便，可以手刷，也可以喷涂。但是成膜较薄，覆盖性不好，韧性也没有油性材料好，并且价格较贵。

硝基材料的溶解剂是天那水（香蕉水），天那水挥发快，怕潮湿，在潮湿的环境中不易施工。

值得强调的是：硝基材料与油性材料的重叠性。用油性材料涂覆后的表面不可以覆盖硝基材料，否则油性材料就会被腐蚀；而用硝基材料涂覆后的表面则可以覆盖油性材料；而油性材料、硝基材料均可以覆盖在水性材料之上。

• 自喷型硝基涂料

自喷型硝基涂料又称自动喷罐漆，是由合成树脂配合各色专用颜料，按比例加入助剂、有机溶剂等混合充罐装成，有多种罐装容量规格。

喷漆涂膜干燥迅速，粘接力强，硬度，光泽，柔韧性，耐冲击等综合性能良好。适用于金属、木材、塑料等多种材质模型的外观喷涂。

常用品牌以合资与进口产品为主，品种较多，品牌号也不统一，如图 10-2 所示。

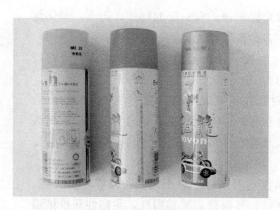

图 10-2　自动喷罐漆

自动喷漆虽然使用方便，但其色谱不齐全，色相、纯度、明度微妙变化少且无法调配，价格也高于普通硝基涂料。

常用普通型硝基涂料和自喷型硝基涂料最大的缺点是使用时消耗大，且多数有毒，对健康及环境有影响，使用时要注意自身防护（如戴口罩）和注意通风。将涂料用相应的稀释溶剂调匀，即可进行喷涂。

不论刷涂还是喷涂涂料，模型工件表面均应干净、干燥、无尘、无油渍。尤其是喷涂塑料材质模型，工件需用水砂纸磨光无痕后用水冲净干燥后再喷。

喷涂时应采用薄层多次喷涂方法，即每一次喷得很薄，待干燥后再喷涂，切忌一次性喷涂得过厚而产生流挂现象。

（3）涂饰后的干燥

模型的表面一旦涂覆上了涂料，就需要进行干燥处理，模型表面的干燥有以下几种方式。

① 挥发干燥。涂料中的挥发性溶剂因为挥发，使涂料干燥而形成保护膜。如硝基材料的干燥。

② 气化干燥。涂料经涂刷后，其主要成分在空气中挥发，从而达到干燥的目的。如油性调合漆等的干燥。

③ 化合干燥。涂料中的主要成分加入过氧化物的固化剂之后，两者发生化合作用而固化。如不饱和聚酯类涂料及速干腻子等的干燥。

④ 挥发氧化干燥。涂料中的溶剂经涂刷后，溶剂挥发而留下涂料中的固体部分，慢慢的再与空气中的氧发生氧化作用而形成覆盖膜。如合成树脂涂料、磁漆的干燥。

⑤ 挥发缩合干燥。涂料经涂刷后，溶剂先行挥发，留下的固体部分经加热、烘烤，或因固化剂促成缩合作用而干燥成为覆盖膜。如一般家用电器使用的烤漆工艺。

烘烤可分低温、高温及中温三种方式。一般低温时烘烤温度为120～130℃，时间为 30min。高温时烘烤温度在 180℃ 以上，时间30min 以上。中温的烘烤则在 150～160℃ 之间，30min 就可以固化成膜。选择烤漆工艺的模型应首先考虑模型制作材料的抗高温性，如金属模型对于烤漆工艺是合适的，但对塑料模型，如果采用烤漆工艺就不合适，因为塑料模型在高温烘烤过程中会软化变形。

### 10.2.3 黏结剂

黏结剂（又称胶黏剂或简称"胶"）是指通过粘接作用能把两个固体物质（相同或不同材质）连接在一起，并具有一定连接强度的物质。以黏结剂作为连接的方法称为粘接。

模型制作中由于使用材料的多样性决定了所涉及的黏结剂的不同。模型制作所需用的黏结剂以市场购买的为宜，直接使用，简单方便。没有特殊要求，无需自行配制。

（1）环氧树脂黏结剂

环氧树脂黏结剂是以环氧树脂为黏料的黏结剂，它对金属、玻璃、陶瓷、塑料、木材等多种材料均有良好的粘接能力，又称"万能胶"，是目前应用广泛的胶种之一。

环氧树脂是线型大分子组成的热塑性树脂，其主要性能特点是黏着力强，耐化学腐蚀性好，收缩性小和储存稳定性高。未加固化剂的纯环氧树脂可长期存放而不变质，但未加固化剂时不能使用。因此，固化剂在环氧树脂的应用过程中是一种不可缺少的成分。

（2）丙烯酸酯黏结剂

丙烯酸酯黏结剂粘接强度高于环氧树脂，主要用于粘接陶瓷、玻璃、塑料、金属等材料。

丙烯酸酯类黏结剂品种较多。制作模型常用的是 α-氰基丙烯酸酯单组分常温快速固化黏结剂，又称 502 黏结剂。

α-氰基丙烯酸酯黏结剂的主要特点是在常温下能迅速固化，除聚乙烯、聚丙烯、氟塑料及有机硅树脂外，对各种材料均有良好的粘接性能。

（3）酚醛-橡胶黏结剂

由酚醛树脂、氯丁橡胶、金属氧化物、溶剂等组成。橡胶是一类具有高弹性的材料，用它配制的黏结剂具有优异的屈挠性和抗冲击震动性，也适于在动态条件下不同材质的粘接。

表 10-1 所列为模型制作常用的黏结剂。

**表 10-1　常用黏结剂种类**

| 种　类 | 名　称 | 用　途 |
|---|---|---|
| 环氧树脂黏结剂 | 双组分快速黏结剂（万能胶） | 粘接金属、玻璃、陶瓷、木材、塑料 |
| 丙烯酸酯黏结剂 | 氰基丙烯酸酯（502） | 粘接金属、玻璃、陶瓷、塑料 |
| 酚醛-橡胶黏结剂 | 酚醛-氯丁黏结剂（401） | 粘接金属、橡胶、塑料、木材 |
| 乳胶黏结剂 | 聚醋酸乙烯乳液（白胶） | 粘接纸、木材、发泡塑料 |
| 压敏黏结剂 | 各种胶带 | 界面处理辅助用材 |
| 溶剂型黏结剂 | 三氯甲烷、丙酮 | 溶接有机玻璃、ABS 塑料 |

酚醛-橡胶黏结剂的特点是黏力强、韧性好、固化时胶层体积变化小，有利于粘接接头的应力分散。主要用于粘接橡胶制品，橡胶与金属、木材、玻璃、塑料等材料之间的粘接。

（4）乳胶黏结剂

乳胶黏结剂主要用于黏接纸、木、织物、泡沫塑料等。最常用的为聚醋酸乙烯酯乳液（又称白乳胶或乳胶）。它以醋酸乙烯为主要原料，加入乳化剂及辅助材料经聚合而成，使用方便，粘接力强，是粘接纸材与木材的理想黏结剂。如前面图 6-18 所示。

（5）溶剂型黏结剂

溶剂型黏结剂一般为有机溶剂，本身没有黏性，它的使用局限性较大，只能粘接可溶于自身的材料，如三氯甲烷前面图 6-19 所示，丙酮可粘接聚甲基丙烯酸甲酯和 ABS 工程塑料等。

无论采用何种黏结剂粘接，所有被粘接的模型工件都应干燥，无尘，无油渍，黏结剂的使用量也应合理，并非用得越多就粘得越牢。

在粘接工件时，可借助钳口夹紧或施压适当的重量。

制作产品模型所需用的黏结剂无论从品种，数量上都无法——列举。所以只要备有以上数种黏结剂即可。

### 10.2.4　表面处理工艺（涂装技术）

涂装即是指将涂料涂布到经过表面处理的物面上而干燥成膜的工艺。在产品表面装饰处理中涂装工艺是应用最广泛的，其特点如下。

（1）选择范围广

即涂料的品种很多，中国现有上千种，还可根据产品造型的需要，生产出各种不同性质的涂料产品，可供选择的余地多。

（2）适应性强

涂料既能涂装金属表面，也能很方便地涂装各类非金属材料表面，不受产品材质、形状、大小等限制，亦不影响被涂材料表面的性质。因此，在产品面饰工艺中，对材质的选择和表面涂装处理的方法均不受各种因素、条件限制。

（3）工艺简单

涂装工艺较之其他面饰工艺简单，一般不需要复杂的工艺设备，可根据具体产品的情况使用各种不同的施工方法，如刷、喷、浸、注、淋、浇、刮、擦以及电泳、静电、高压、无气、粉末喷涂等工艺手段等。

（4）成本低

涂料中大部分原料为合成材料，其原料来源丰富，便于就地取材，涂装的工艺也不复杂，故涂装成本比电镀、搪瓷、玻璃钢处理、磷化膜、分散性染料胶印、铁印油墨胶印、丝网漏印等工艺低廉。不但应用于模型制作的表面装涂同时适用于量大面广的工业产品面饰的需要，有较好的经济效益。

（5）面饰效果好

绝大多数工业产品所获得的五彩缤纷的色彩主要是采用涂装工艺来实现的。经过涂饰的表面效果好，涂膜有一定的光泽，组织细密，覆盖力强，视觉质感和触觉质感好，能给人以体现工艺美的人为质感效果。

### 10.2.5　涂料的性质与装饰效果

为了选择合适的涂料，必须掌握各种涂料的性质以及涂膜特性的基本知识，即色彩、光泽、涂膜的硬度、附着性、耐蚀性、耐候性以及涂装的工艺性、持久性、干燥时间、研磨性等。

（1）色彩

涂料的色彩主要是由颜料决定的。产品涂装色彩是否理想，与涂料的配色关系极大，涂料的配色一般理解为在制造涂料时按照涂料的组成设计分配，或者使用涂料时按照被涂饰的对象要求配色。着色颜料按它们在涂料使用时所显示的色彩可分红、黄、蓝、白、黑、金属光泽色等种类，可根据产品的要求进行配色，其基本原则和方法如下。

① 分清主、副色及各色间的关系和比例，根据产品设计对色彩的

要求，对照颜色色板或色标，确定由哪几种颜色组成，分清主、副色以及各色间的关系和比例。所谓主色就是基础色，颜色含量大、着色力较强的颜色为副色。如灰色中白色为主色，黑色为副色；再如绿色中黄色为主色，蓝色为副色。经过分析后，然后小样调试，喷在样板上烘干，当与色板相比，颜色色差较小或相等时，才能大批调配使用。

② 涂料颜色采用"由浅入深"的原则　加入着色力较强的颜色时，应先加预定量的 70%～80%，当色相接近时，要特别小心谨慎，应取样分别调试至符合原样要求。

③ 把握涂料颜色干、湿的特性　调色时要注意浅色一般要比原样稍深一点，深色比原样稍浅一点。因漆膜干后会出现"泛色"现象，即浅色烘干后比湿漆更浅，深色烘干后偏深。新涂的样板颜色鲜，干的样板显得颜色较暗，应将干样板浸湿后再进行比较。另外，颜料因未经分散处理，只能用色漆配制，否则会产生色调不匀和的斑痕现象。一般，不同类型的涂料不能互相混合。

产品与其使用功能、空间、部位、大小、形状、材质等有着多方面的联系，为了在设计时能准确无误地运用色彩，应该在色彩科学的基础上，明确使用方法。产品的色彩运用与绘画的色彩运用有着显著的区别。产品是以实用效果和服务对象为目的，受一定的工艺生产局限性的制约。色彩的美观与否，不在于所用的颜色多少。所谓"丰富多彩"是不能在一件产品上来体现的，关键在于利用物质材料和艺术处理的技巧产生出的效果，最好使之能少用颜色而出现多种色彩感的效果。

（2）光泽

挥发性涂料一般光泽较好，油性涂料和合成树脂涂料，特别是热固性树脂类的合成树脂涂料光泽较好。挥发性涂料在进行上光处理时容易得到好的光泽效果。

（3）黏度

涂料的黏度对涂料涂饰工艺性能及涂膜的质量有着重要的影响。在实际涂饰时，相对应于一定的涂料及涂装方法必须有恰当的黏度。但是，即使是同系列的涂料，也具有同样的非挥发性的组分，由于树脂的重合度以及其他制造条件的差异，其黏度也是不同的。作为理想的涂料，当然是黏度小、非挥发组分的为好。另外，溶剂的种类不同，其加入量即使相同，黏度也会不同，这是由于溶剂溶解能力的差异所造成的。涂膜的厚度一般与涂料的黏度有关，黏度高时，厚度大。不能单从黏度来判断涂膜厚度，因为涂膜厚度与非挥发性组分之间有很大关系，即使黏度小，但非挥发性组分多时，涂膜厚度也大。

（4）硬度、附着性

涂膜一般要求具有附着性好、不易受外力划伤的能力（即硬度）。为了不受机械的外伤，单纯硬度高还不够，还必须具有足够的韧性，这样的涂膜既硬而又不脆。

（5）耐候性

刚涂装后的涂膜即使有优良的特性，但随着时间的延长，涂膜也会产生光泽减退、变黄、白恶化、龟裂、肃离等变化，这是由于日光中的紫外线、湿气、水分、氧以及其他机械损伤引起的。

### 10.2.6　涂装的要素

模型产品表面要获得理想的涂膜，就必须精心地进行涂装设计，掌握涂装各要素。涂装工艺的关键即直接影响涂层质量的是涂料的选用、涂装施工方法等要素。

（1）涂料的选用

① 在使用的对象和应用环境上，首先要明确涂料的使用范围，可根据模型的不同用途和放置环境来选择相应的涂料。

② 使用的材质。涂料使用在哪种材质上与涂料的性能也有一定的关系。材质有金属、塑料、陶瓷、木材、橡胶、纸张、皮革等，而金属又分为钢铁、铝、铜、锌及其合金等。同一种涂料对于涂布物材质的不同，所得到的效果也不尽相同。例如，橡胶、纸张和皮革等物面，要求涂料有极好的柔韧性和抗张强度。

③ 涂料的配套性。注意涂料的配套性，即采用底漆、腻子、面漆和罩光漆，要注意底漆应适应种种面漆，注意底漆与腻子、腻子与面漆、面漆与罩光漆彼此之间的附着力。了解配套性的重要性，不可把涂料随意乱用，甚至成分不一样的涂料随意混合，造成分层、析出、胶化等质量事故。

④ 经济效果。在选择涂料品种时还要考虑经济原则，即要求一次施工费用少，也要考虑涂层使用的时间期限的长短；在计算成本时除了考虑涂料的费用外，还要计算涂料使用的不同寿命，总之要考虑综合的经济效果。

不同用途的产品其功能及耐久性也有不同要求，还要根据加工的设施、设备条件来选择适合刷涂或喷涂以及能自干或烘干的涂料等。

（2）涂装施工方法

涂装施工方法的正确与否，是充分发挥涂料性能的必要条件。涂料对于涂膜来说只能算是半制品，因此，严格地说涂料的最终产物应当是涂膜，而不是涂料本身。劣质的涂料当然不能得到优质的涂膜，但优质的涂料施工不当，也同样得不到优质的涂膜。判定涂料的质量，一般来说也主要是用涂膜性能的优劣来评定，涂膜的优劣不仅取决于涂料质量，更大程度上取决于形成涂膜的工艺过程及条件。如在未经良好表面处理的物面上涂装，将会引起涂膜脱落，起泡或产生膜下锈蚀；又如在不清洁的环境中涂装面漆，就不可能得到平整光滑的高级装饰性涂层。

### 10.2.7　一般涂装施工方法

要保证涂层经久耐用，就必须符合使用要求，充分发挥涂料的装饰和保护作用，涂装工艺一般包括漆前面层处理、涂装施工方法和干燥三大步骤。漆前表面处理是施工前的准备工作，它关系着涂层的附着力和使用寿命，直接影响涂装的质量。所谓漆前表面处理，即指漆前清除被涂物表面上的所有污物，如油污、铁锈、氧化皮、灰尘、焊渣、盐碱斑等，或用化学方法生成一层有利于提高涂层防腐蚀性的非金属转化膜的处理工艺。根据表面处理过程中使用的材料和机械的不同，可把表面处理分为化学处理和机械处理。表面处理对于金属件和非金属件，由于处理的杂质和处理的方法的不同随被涂物的用途、要求、施工方法、涂料品种而有所不同。下面重点介绍一般涂装的方法。

（1）浸涂

它是将被涂物浸入涂料中，提起、滴尽多余涂料而获得涂膜的方法。浸涂的特点是生产效率高，操作简便，涂料损失少，比较经济。这种方法适用于形状复杂的骨架状被涂物，及各种金属部件和小零件等内外表面的涂装，常用作第一涂层。

（2）淋涂

它是将涂料淋浇到被涂物上，随后滴尽多余的涂料而成涂膜的方法。这是一种经济高效的涂装法，适合流水线生产。与浸涂法相比，淋涂的优点是用漆量少（约为浸涂的 1/5），适用于漂浮无法浸涂的中空容器或浸涂时产生"气色"的物体的涂装，其缺点是溶剂耗量大，淋涂的粘度一般较浸涂高。为使淋涂不受环境温度的影响，一般漆温保持在在 20～25℃。

（3）喷涂

它是将涂料雾化后喷到被涂物上面获得涂膜的方法。涂料雾化主要使用的三种方法为：空气压力；机械压力和静电法。空气喷涂是一般的喷涂法，其优点是适用于形态复杂的零件喷涂，设备简单、适用、成本低、应用范围广。其缺点是漆雾飞散，涂料损耗较为严重。

（4）电泳涂装法

电泳涂装法为水溶性涂料的涂装方法。电泳涂装的优点：

① 无火灾危险，避免环境污染；

② 涂装效率和涂料利用率高；

③ 涂膜厚薄均匀，且可定量控制；

④ 附着力和机械性能良好。

（5）粉末涂装

粉末涂料是一种 100％呈粉末状的无溶剂涂料。粉末涂装可分为粉末熔融法和静电粉末涂装法。

### 10.2.8　涂料在产品设计中的应用

涂料是实现对物品色彩调节和给物品着色的最为合适的媒介和材料之一。从设计的角度来看，产品设计的意图就是依据于产品的功能与形态之间的关系进行的，而形态与功能的协同统一，是离不开使用涂料的。

（1）不透明涂饰

当产品的材质为金属或塑料时，因金属或塑料容易出现锈蚀或老化，因此这类产品必须用涂料涂饰而加以保护。又因为金属或塑料的表面质感和色调单一，一般对它们均采用遮盖基体的不透明涂料（色漆或磁漆）进行不透明涂饰，此即将制件表面单一的质感和色调掩盖住，而使产品呈现出涂料所具有的色彩。在不透明涂饰中把材料的色彩掩盖住，而使产品呈现出涂料所具有的色彩。在不透明涂饰中涂料的色彩作用显得极为重要。例如，近年来产品设计的形态趋向于简洁化，由此应特别注意避免涂饰上的单调性，而应充分运用色彩、光泽与表面质感的协调及统一，使产品的外观首先能给人们一种新颖和美好的感觉。

（2）透明涂饰

由于多种木材的表面都具有自然而优美的纹理，因此对木制品的涂饰与金属或塑料制品的涂饰是不同的，即对木制品一般是采用透明涂饰，这既可保护木制品不受腐蚀，不受脏污，又能显示出木制品表面纹理的自然美。为了强化木料纹理的美感，或使得一般木料显出具有贵重木料的自然色泽，可用染料或颜料给木制品表面着色，然后再涂饰清漆，也可在木制品表面经过砂粒磨光和去毛刺之后，直接涂饰相应色泽的透明漆。对于表面纹理不够优美清晰的木制品，或木制品上用料不一致而使其表面纹理不协调时也可以应用不透明涂饰，或者可采用仿木纹涂饰。

（3）有光和无光涂饰

对于不同产品其涂饰的光泽度的要求是不同的，例如对于汽车、摩托车及自行车等产品，涂饰时要求漆膜具有较高的光泽度。而对于仪器、仪表及计算机等产品，涂饰时则要求漆膜是半光或无光的。有光涂饰和无光涂饰主要取决于采用何种涂料。有光涂饰是应用各种有光磁漆，必要时还应加罩以清漆。有光、半光或无光磁漆之间的差别主要是在于漆中体质颜料的含量不同，漆中的体质颜料含量低，则漆膜的光泽度高；漆中的体质颜料含量高，则漆膜的光泽度低。

（4）肌理涂饰

为使产品表面呈现出不同的材质感，可采用肌理涂饰。例如采用锤纹漆或皱纹漆涂饰后，可以使产品表面呈现出锤纹或皱纹肌理；若采用金属闪光漆或桔纹漆涂饰后，则可使产品表面呈现出金属材质感或桔纹状肌理。

### 10.2.9　涂漆前的表面处理

模型成型之后，要求表面达到平整光洁，可是在实际加工过程中，模型的表面常会留有刀痕、线痕、凹坑与刮伤等痕迹，不同形态的模型部件彼此的粘接处也会留有不平整现象。对于接缝、表面存在的缺陷，如不进行修补，而急于对模型表面进行喷漆或涂饰作业，模型表面会因凹痕、线状裂缝等缺陷的存在，影响模型最终的整体效果。所以模型涂饰前的打磨修补工作就成为模型制作中必要的工作程序。

### 10.2.10 打磨修补

要得到精致的模型，在涂饰前的表面打磨处理是一项非常重要的表面处理工序。表面处理得精细，在涂饰之后的模型自然精细和完整。所以打磨修补处理必须要耐心、仔细，一次又一次，直至表面非常细腻、平整，以达到精致和尽善尽美。

表面打磨处理时，首先必须检查模型各部分表面的光滑程度，如遇到凹坑、接缝、裂纹的地方必须先行用腻子修补。

腻子可以用原子灰加上适量的固化剂，充分搅拌后得到，如固化剂放入太多，腻子的固化速度快，就不能顺利施行修补工作。如固化剂加得太少，固化速度慢，在进行修补后，修补处的腻子需要很长的一段时间才能固化，甚至无法完全固化，导致修补失败。

一般在缺陷处修补用的腻子必须稠一些。在模型表面要求比较高的地方，如发现有刮痕、裂缝时，腻子必须调稀一些，调制好的腻子不可放置时间太长，否则会产生固化，而影响修补工作。

修补缝隙时，可用 ABS 塑料板削成一定的宽度，比要补处宽出约 2cm，前端削成斜面的刮刀，如果修补的是弧面或不规则曲面最好是用橡皮刮刀，把调制好的腻子，刮补在要修补之处，把腻子压入要修补的缝隙处，并把表面刮平，去除多余的腻子，等待腻子干燥固化后就可以打磨。腻子一般的颜色为米黄色，固化时间视固化剂加入的多少而定。

对于模型表面普通的凹坑刮补腻子，必须在第一次大面刮补时完成。腻子固化后，在凹坑处大都会有稍为凹陷的弧状现象，这是因为腻子在固化过程中会产生收缩现象，形成下凹的弧面。所以必须进行第二遍刮补腻子，作业程序与第一次刮补过程一样。如果需要，还需重复进行多次操作，如此反复，直到表面完全平整，补腻子作业才算结束。对于一般平整表面细微的裂痕做一次刮补操作即可完成。

模型的表面经修补后，可使用 200 目的粗砂纸轻轻的打磨，直到把表面打磨平整为止，最后再用细砂纸或水砂纸轻轻的研磨，直到补过的腻子处与其他表面同样的光滑平顺才算完成，这样就为后续进行喷漆、涂饰等操作打下良好的基础。涂饰完成之后，还可以用机械抛光的方法，求得更完美精致的表面。

机械抛光是在布轮机上装上毛棉质、纤维质布轮、加上研磨剂，利用机械旋转的作用磨抛模型表面，从而将模型的表面抛光擦亮的方法，如图 10-3 所示。机械抛光时，先将研磨剂少量涂在布轮边缘，然后将模型要抛光的表面轻轻地、与布轮前下方成 45°的方向，进行抛磨，并且要慢慢地移动模型以便进行抛光作业处理。布轮表面经常会有研磨剂硬化的颗粒，应及时清除，使布轮松软，以增强抛光的效果。

### 10.2.11 喷漆及其喷漆工艺

模型表面的涂饰方法很多，根据模型制作的材料可采用涂刷、粉状喷涂、浸渍、喷雾涂饰等多种方法。其中，喷雾涂饰法有空气喷雾法、液压喷雾、静电、热温、电离等喷雾方法。由于上述的方法牵涉到许多设备，所以在手工模型制作中一般常用涂刷法与喷雾法为最多，喷雾法中又以空气喷雾最为广泛。喷雾法使用的工具有空气喷枪或直接采用罐装喷漆来完成模型的表面装饰工作，如图10-4所示。

图 10-3　布轮抛光机

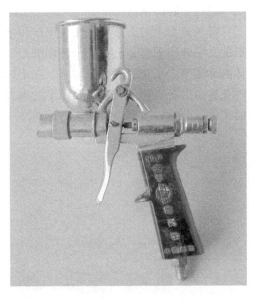

图 10-4　喷枪

喷漆时应该注意：

① 戴口罩，避免吸入喷涂材料对身体造成伤害。

② 顺风向喷漆。

③ 避免在高温中喷漆。

④ 下雨时因大气中湿度高，喷漆后不易取得光亮的表面，故而不要选择潮湿的天气喷漆。

⑤ 涂料必须完全搅拌均匀。

⑥ 喷漆前，模型表面先用吹风机吹干净，以免喷后表面有污物存在，影响表面效果。

⑦ 喷漆完成之后，待完全干燥再移动模型。

⑧ 喷漆室要保证干净。

要达到对模型进行完美的表面处理，应多加练习，才能达到预想的效果。

## 10.3　模型表面的文字与标志处理

在对模型的表面进行处理完成之后，因机能关系的需要，常常需要加入必要的文字说明或标志，以说明它的功能、操作方式、制造商、商标及产品型号。所以必须再做这方面的处理。模型表面的文字、标志主要内容为：产品说明和产品名称。

在模型上对于产品说明这一类的内容必须重点强调它的说明性，必须能清晰的向使用者说明产品的的使用方式，内容可以是文字也可以是图形标志，应将这一类说明贴置在使用者所操作的产品界面上。有时因产品的使用对象不同还必须配有不同的文字说明，如图 10-5 所示。

（1）干转印字法

对于模型上的文字可以使用干转印字的方法，这种方法是把干转印纸的文字转印到模型上去。干转印纸是一种塑料薄膜，背部印有不同字体的反体字，从正面看为正体字，在干转印纸背面有一层不干胶。转印时把转印字正面朝上，在需要印字的地方稍微用力在字上加压摩擦，此时字体就会粘到模型表面上去，如图 10-6 所示。

图 10-5　电话机模型表面的文字处理　　　　　　　　　　图 10-6　干转印纸

现有的干转印纸提供多种的字体和各种常用的图形标志，还有不同的色彩文字供选择，是模型制作后期表面处理极为方便的材料。

（2）丝网印法

把需要转印的文字或图形先行制作，镌刻在绢版上，浮高约 1～1.5mm 再做硬质橡胶刮板沾油墨，一次把油墨刷在绢版上，把绢版放置在模型表面需印刷的位置，稍微用力刮刷，移开绢版文字即可印在模型上。

（3）镶嵌法

在模型上预先留稍微下凹的槽，然后把事先印刷好的透明塑料薄片，裁成比凹槽边沿略少 0.1～0.2mm 尺寸的字符镶贴在槽内。一般使用的薄片以 0.3mm 为好。

还可以根据实际需要预先在模型上留出不同深度的槽，把印刷好的不同材料的片材贴在槽内。

如果是较大的模型，转印的内容字体较大、图案内容较多，则可以使用薄的不干胶纸经电脑按所要的字体和内容进行刻字，然后贴置于模型上。以上方法只要经过细心处理都能达到很好的装饰效果。

不管采用何种方式处理，都必须特别注意文字与图案的完整性、整齐性，而且记住保持模型的清洁。

## 10.4 模型表面处理的案例

以下以一件制作好的 ABS 电话模型为案例，介绍产品模型表面处理的步骤和喷涂、装饰的过程，如图 10-7～图 10-21 所示。

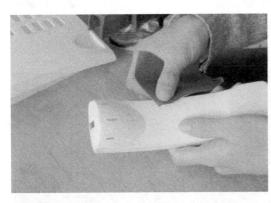

图 10-7　在涂饰前对表面进行打磨处理，用 200 目的细砂纸对塑料模型工件进行打磨，对于模型的转角，粘接过度部分必须耐心仔细，直至模型的整体表面非常细腻

图 10-8　腻子用原子灰加上少许固化剂，充分搅拌后得到

图 10-9　对于模型表面因加工过程留下的凹坑、接缝、裂纹无法打磨去除的地方必须先用腻子进行修补

图 10-10　用橡皮刮刀，使用橡皮刮刀的目地是，因为橡皮刮刀的弹性会因刮补时的用力而顺应对象形的变化。把调制好的腻子，刮补在要修补之处，把腻子压入欲修补缝隙处，并把表面刮平，去除多余的腻子

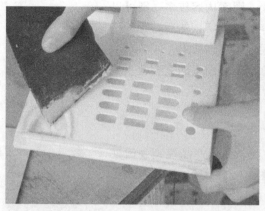

图 10-11　对于模型表面上的刮痕、裂缝，腻子必须调稀一些进行刮补

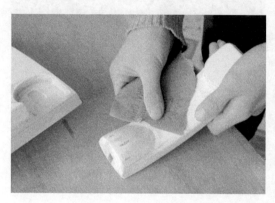
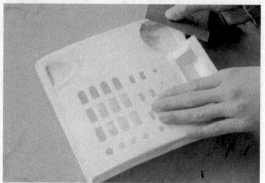

图 10-12　模型的表面经用腻子刮补干固后，用 200 目的粗砂纸轻轻的打磨，
直到把表面打磨平整为止

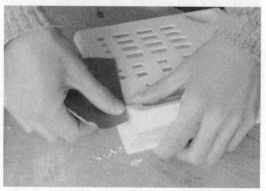

图 10-13　对于表面打磨后的模型要仔细进行
检查和修整，特别对于模型的转角，凹角，
凹陷处因腻子固化过程中会产生收缩现象，
必须进行休整和第二遍刮补腻子。

图 10-14　最后再用 400 目的细砂纸或水砂纸，
沾上水轻轻的研磨，直到刮过腻子的地方与
其他表面同样的光滑平顺

图 10-15　经过修补打磨后的模型

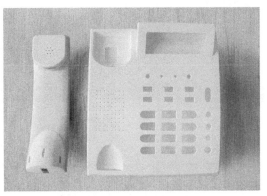

图 10-16　在经过修补打磨后的模型上喷上一层薄薄的白色底漆，白色底漆的作用是统一模型的基色，可发现模型表面是否还存在的细微瑕疵以便及时修补，同时为最后的表面喷涂做准备

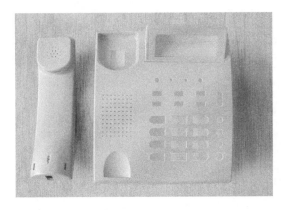

图 10-17　用喷枪或喷罐漆对模型的表面进行喷漆，喷漆的原则是薄而多遍，喷涂时应采用薄层多次喷涂方法，即每一次喷得很薄，待干燥后再喷涂，切忌一次性喷涂过厚而产生流挂现象

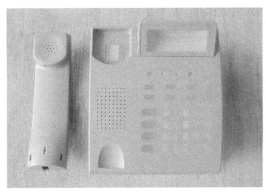

图 10-18　喷涂完成后的模型表面

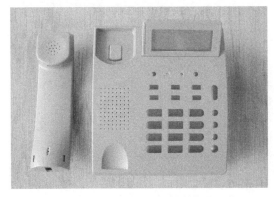

图 10-19　给模型配上另外制作的配件

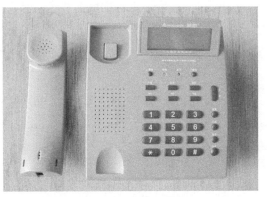

图 10-20　使用干转印字的方法，把干转印纸的文字转印到模型上去

图 10-21　表面处理完成后的模型

# 第 11 章

# 计算机辅助工业设计与快速成型

**快速的设计构思表达媒介— CAID**（计算机辅助工业设计）**与 RP**（快速成型）**的运用**

当今的时代，电脑技术已逐渐渗透到各种不同的专业领域之中，同样对工业产品设计领域已经产生重大的影响。为了使设计的产品能对市场作出快速的反应，设计师在准确地掌握市场消费变化与技术发展的新趋势的同时，必须借助新的设计手段和表达技术，才能使新的设计在市场的竞争中占一席之地。

数字化技术对设计行业的冲击是巨大的，高效率、高精确性的产业革命，给设计师带来新的设计手段；除此之外，数字技术所带来的新的设计工作方式，改变了过去设计师传统的思维方式。将来不久的某一天，设计师将会发现整个设计规则都被更改了，过去所惯于的思考方式与工具的使用，已经都被彻底的改变了。

今天设计师在接受委托设计时，使用效果图配合着手工制作的原型，将设计的构想传达给客户，如果有错误，再找设计师讨论……，如此不断地反复进行。这种设计方式，至从有设计这个行业以来就一直沿用这种方式在进行。可是，现在情况已在改变，设计师在最近几年的工作中，已被要求用电脑 3D 绘图的方式，尽量以更精确的手段表达设计的构想，甚至被要求以参数化建模，使客户可以直接在其机构分析软件中做进一步分析，最后直接用 CAM 技术，制作模型或模具。

当然，设计工作本身的特性并没有变，但设计师所用的工具却在改变，设计师如果能及早转变观念，不但不必担心无法适应这种变化，而且可享受数字化时代带来的全新设计方式。

本章仅针对工业产品设计师在设计构思表达阶段时，如何利用数字化的新媒介，以取代传统的设计方式，略做概括性的介绍。

通常设计师在设计构思表达时所采用的是预想图与实体的 3D 原型。这种表达方式，在现代产业化生产中可利用电脑辅助工业设计（CAID）与快速成型（RP）的结合运用，分别取代过去惯用的手绘效果图与手工立体原型制作，这种新手段有以下几项优势。

（1）可以更明确，更具体的方式传达设计师的构想

CAID 电脑建模以当今最重要的［NURBS 自由曲面］，与参数化实体（Parametric Solid）为架构，能很明确地将设计师脑中的构思，以立体的方式呈现出来。CAID 的实时渲染功能，能使设计师编辑产品的

任何材质，其渲染功能能达到照片般真实的效果。快速成型（RP）能使在 CAID 的 3D 模型完成后，以数字化的方式，将在屏幕上看到的模型经数控设备，制作成的一个尺寸精确的立体模型，如图 11-1 为数控设备对汽车模型的外形进行加工。

经由此方式，设计师可以不必担心所传达的设计构想从 2 维到 3 维的过程中，是否因过于抽象而被误解的问题。

（2）能做到更精确的掌握尺寸

CAID 可以对任何基准的尺度，提供到小数点后第四位的精确性。当然，在设计初期不希望被尺度限制构想时，允许用较随意性的方式表达想法，一旦设计后期定案时，还可透过尺度查询，并进行修改，以确定所需要的尺寸。

RP 是完全依靠 CAID 所定的尺寸进行加工，与手工制作的模型相比完全排除了尺寸的误差。图 11-2、图 11-3 为数控设备对汽车模型的细节加工。

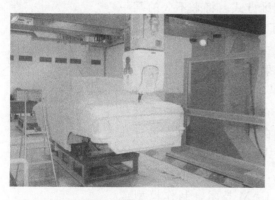 

图 11-1　快速成型使在 CAID 的 3D 模型完成
后，以数字化的方式，经数控设备，加工成
一个尺寸精确的立体模型

图 11-2　数控设备对汽车模型
的细节加工（一）

（3）真正辅助设计构思的展开

由于 CAID 的易于编辑与修改的特性，尤其是参数化方式，更方便设计师在构想的过程中，快速地变更设计对象的各项细节。不同的构想可以经过无限的复制而做局部的修改，充分发挥设计师的想像力，方便设计师在不同构想之间做比较。

（4）易学，易用

CAID 与 RP 随着参数化技术的发展和操作界面改良，已逐渐成为设计师易掌握，易操作的工具。这与过去手工的设计表达，以设计师手工的表达方式有极大的差异。其所真正需要的，将是设计师的创造力，设计师将不再受限于因表达技术不够熟练，而无法表达构想的困扰。图 11-4 为以数控设备加工的汽车模型细节。

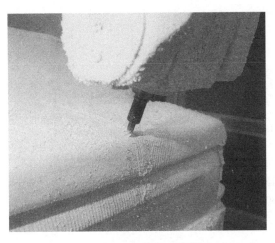

图 11-3  以计算机辅助设计所定制的尺寸
进行加工，与手工制作的模型相比完全
排除了尺寸的误差

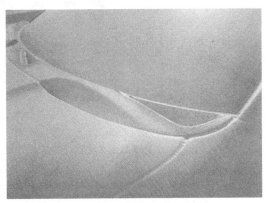

图 11-4  数控设备对汽车模型
的细节加工（二）

以上仅对计算机的发展对设计领域的影响以及发展趋势，数字化作为新媒介的设计方式和特点做了简要的介绍。有关数字化设计有许多专门著作和参考书，本书不多加赘述。

# 参 考 文 献

1 塔可·朗兰特．From clay to bronze．王立非等译．江苏：江苏美术出版社，2001
2 永井武志．立体デザィソ模型．日本：美术出版社，1990
3 Product Design Models. Roberto lucci、Paolo Orlandini. Van Nostrand Reinhold New York
4 Wood working. Dumont monte UK London，2001
5 刘国余，沈杰．产品基础形态设计．北京：中国轻工出版社，2001
6 辞海编委会．辞海．上海：上海辞书出版社，1980

电话

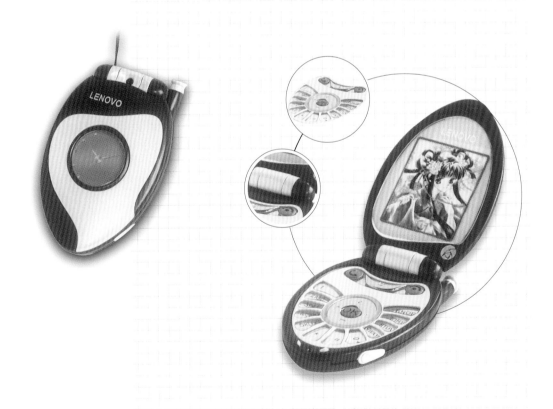

女性手机

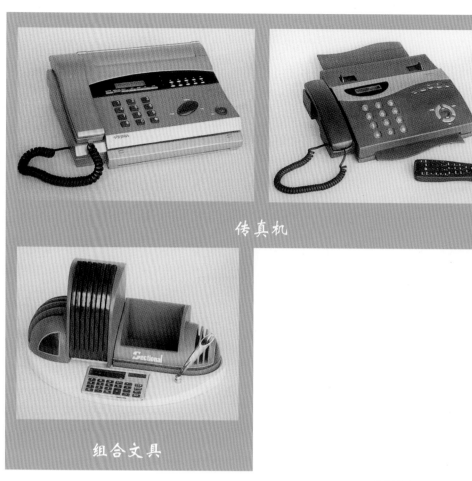

传真机

组合文具

指纹考勤机

电视

咖啡机

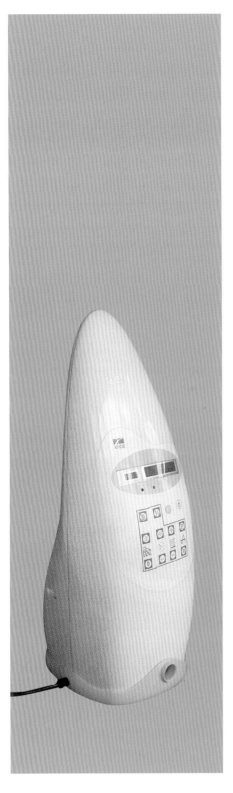

美容仪

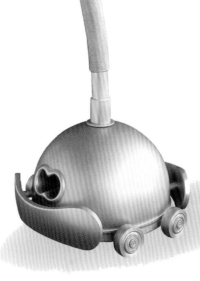

水池清洗机

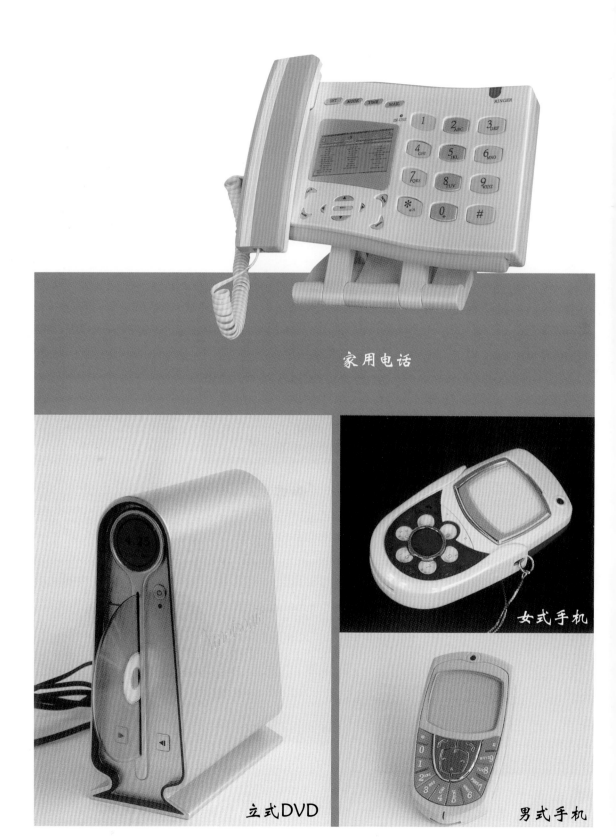

家用电话

立式DVD

女式手机

男式手机

陶瓷拉胚机

电瓶车

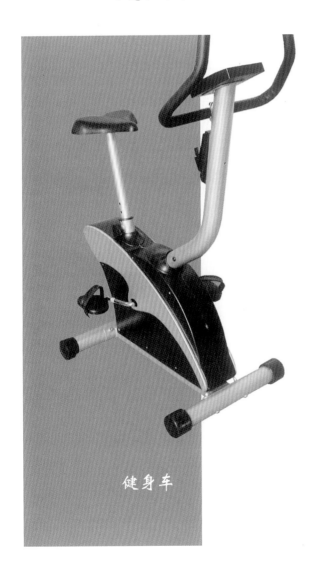

健身车

电动自行车

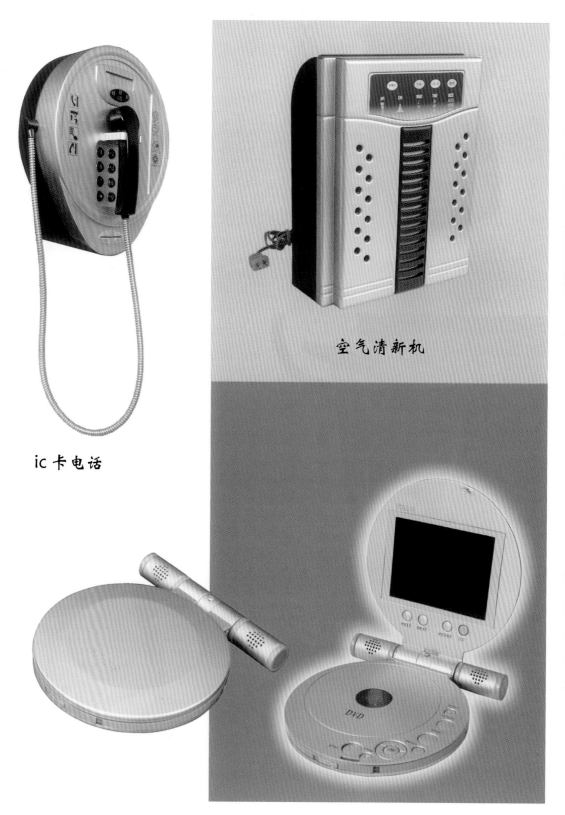

空气清新机

ic 卡电话

移动DVD

公共手机充电器

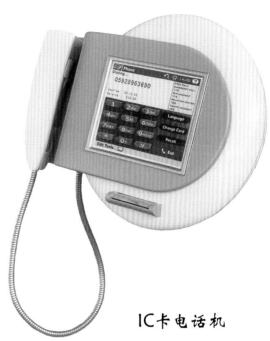

IC卡电话机

指纹考勤机

无绳电话

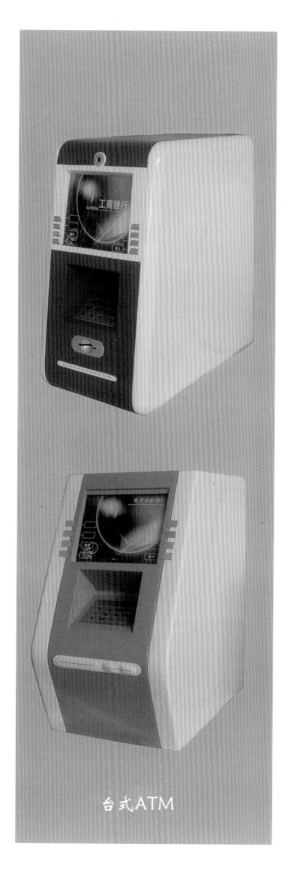

台式ATM

液晶电视

车内显示器

办公室氧吧

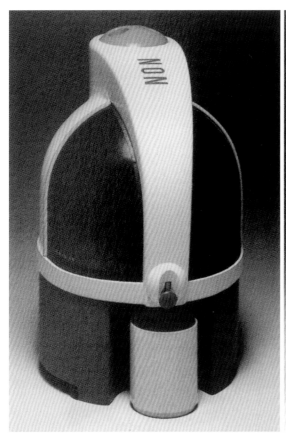

矿泉壶

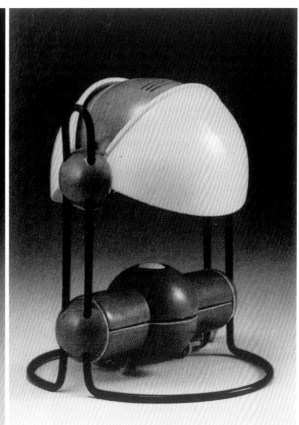

儿童台灯

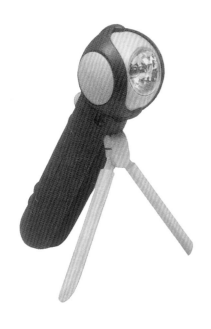

野外用电筒

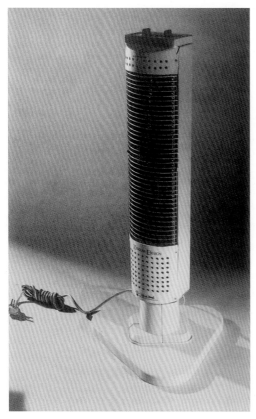

电暖器 石英电暖器

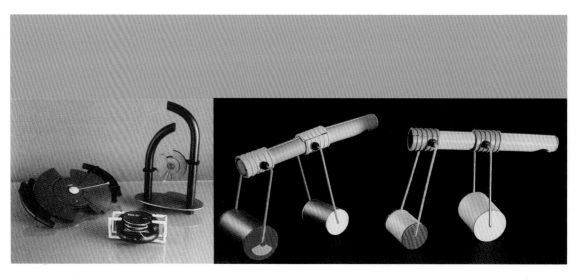

钟表 灯具

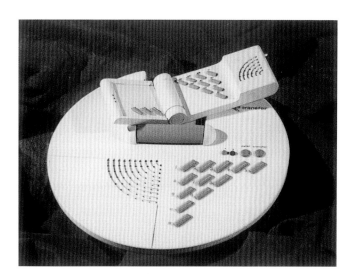

电话机

电吉它

国际象棋

概念车设计-1　　　　　　　　　概念车设计-2

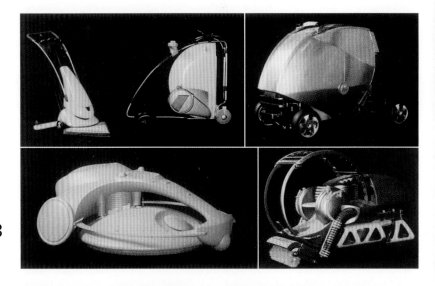

概念车设计-3

概念车设计-4　　　　　　　　　概念车设计-5